U0004606

Around the Ocean in 80 Fish & Other Sea Life

跟著 80 種 魚環遊世界

斯凱爾 博士 Dr Helen Scales ◎ 作

馬塞爾・喬治 Marcel George ◎ 繪

王北辰 ◎ 譯

晨星出版

目次

太 平 洋

譯序

接到翻譯邀約的前幾天，我在新聞頻道收看一則講述台灣鯨豚的專題，裡面提到 2020 年台灣史上首次藍鯨紀錄，但很可惜，是一隻擱淺死亡的個體。那是一條 2 歲的藍鯨小朋友，被漁網緊緊纏繞，餓成皮包骨。隔日，我沒看到後續報導或迴響，於是上社群平台搜尋，那則專題如同未濺起漣漪的石子，船過無痕。

身為熱愛水下生物的人，當時有些洩氣。有時會想，除了每次潛水及浮潛時順便撿起海廢、避免使用一次性塑膠、選擇養殖或永續漁業替代珍稀野生魚、在設立海洋保護區的政策上表態，以及支持符合理念的海洋 NGO 外，一個人還能做什麼來保護自己喜愛的水下景象？然後，我收到了這本書的翻譯邀約。作者在前言提出一個浪漫但合理的答案，「增加對海洋的瞭解、對海洋保持興趣、更關心海洋生物，這些就是拯救海洋的關鍵」。讓更多人對海洋生物有興趣，就是保護海洋。

關鍵不在於保護海洋的具體方案，因為各方案一直存在，只要大家對海洋生物好奇、喜愛牠們，自然就會想辦法為牠們盡一份力。這也是我認為本書的最大價值——它能夠挑起我們對海洋生物的好奇心。我想，作者之所以不在插圖上標明物種也是基於相同道理，亦即答案很容易獲得，只要你具備好奇心。作者不只動之以情，也從「利」的角度切入，讓我們知道，我們覺得便利的生活很多是拜海洋生物所賜，人類企圖解決的現實問題未來仍須在牠們身上尋覓答案。

作者在書中蒐羅海洋生物提供人類研發靈感的大量案例，舉凡曾在奧運游泳項目大出風頭的鯊魚裝、低溫鐵微粒製程、新型牙齒填充物都有海洋生物的痕跡，牠們讓 AI 突破瓶頸、使風力發電變

得更有效率。你知道連口感滑順的冰淇淋與澄澈的啤酒也跟海洋生物有關嗎？本書英文版在後疫情期成書，作者甚至列舉了海洋生物在幫人類對抗新冠病毒上的貢獻。人類不斷從海洋生物汲取靈感，不只現在，從幾千年前就這麼做了。

人類文化中處處有海洋生物的身影，像是美人魚的傳說、拉著海神波賽頓戰車的生物，古代作家甚至認為安東尼與埃及豔后之所以在關鍵海戰輸給屋大維，都是因為某海洋生物在作怪。海洋生物當然也沒缺席台灣文化，達悟文化裡充滿飛魚，早期閩南移民則認為飛魚是由沙燕所變成。此外，先人稱鯨魚為海翁，或言：「媽祖誕時，海翁來潮，必三躍而後去。」傳說國姓爺鄭成功便是鯨魚轉世，離世時乘白鯨而去。

如同鯨魚又稱為海翁、海鰍，一種生物可能兼具許多名字，每個名字後面代表不同故事，但在翻譯時就變得非常棘手。生物的俗名多半流傳得最廣，因為它最直覺、最有趣，然而俗名有時卻包含錯誤。以很多人都聽過的硨磲貝為例，因為這個俗名，大部分的人會以為牠是貝，不曉得牠其實是蛤。於是乎，國內科學界發展出中文專名，它正確，可是距離一般人的生活較遠，例如水族愛好者大多曉得五彩青蛙，卻不見得聽過花斑連鰭鮨，但翻譯時選用五彩青蛙，一般人會不會誤以為那是一種青蛙，而非一種魚呢？拉丁學名部分程度解決了這個問題，然而若是整本書都採用拉丁學名，那些直觀有趣的部分就消失了，遑論將破壞中文閱讀體驗。學名、英文俗名、中文專名、中文俗名等等，每一本生物書籍的翻譯過程中，譯者都須面對諸如此類的抉擇。我以中文、正確性為優先考量，故以台灣魚類資料庫、國家教育研究院樂詞網所列名稱（即中文專名）為主，偶爾遇上中文俗名流通度明顯高於中文專名時，會破例採用俗名，例如鬼蝠魟之於雙吻前口蝠鱝。這類涉及譯者主觀判斷的部分還請各位見諒。

2021 年 10 月，科學家發現了一隻巨大翻車魚，刷新了有史以來最重硬骨魚紀錄，其背後反映的是，我們的海洋仍有能力支撐這種大傢伙生存。2023 年 7 月，日本近畿大學完成鰻魚完全養殖，為鰻魚養殖業逐漸枯竭的野生鰻苗撈捕帶來一線曙光。2023 年 11 月，阿拉斯加漁民發現一隻座頭鯨被漁網纏繞，無法掙脫並發出悲鳴，美國有關單位派出無人機檢查並排出切割繩索的順序。最終，座頭鯨在獲得幫助後成功擺脫網繩，回到大海，未重蹈 3 年前小藍鯨的悲劇。只要夠多人在乎，保護海洋為時未晚，希望這本書能勾起更多人對海洋生物的好奇心，進而喜歡海洋。

前言

　　我們所稱的「地」球其實應該叫「水」球。這顆星球 70% 的面積被又深又廣的海洋所覆蓋，超過 90% 的生物圈（biosphere，即所有生物居住之地）都是海洋。海洋生物悠遊於海邊、遠洋，甚至海底最深處，若能跟隨牠們行動，豈有比這更好、更徹底的環遊世界方式呢？這差不多就是我身為一位海洋生物學家、潛水員、海洋學家一直在做的事，也是海洋學家這個詞彙的由來——我書寫海洋相關事物（海洋學的英文 oceanography 源自古希臘文「海洋」及「書寫」二字）。當我第一次背上氣瓶躍入海中，看見一隻不起眼的銀色小魚游在我前面，那一刻改變了我看世界的角度。從此，我開始追著我能找到的所有魚以及牠們無數的水中同伴到處跑，積極地瞭解牠們，保護牠們免於人類造成的傷害，單純觀察牠們的水中生活。

　　海洋充滿著奧妙與驚喜，在這巨大的三度空間中，生命呈現的顏色、樣貌和行為都和我們在陸地看到的大不相同。海洋告訴我們許多有關這顆充滿生物多樣性的星球的故事，在海中蓬勃生長的生命遠超出我們這些呼吸空氣的陸地哺乳類的想像，海裡充滿讓人眼花撩亂的生物等待探索。

　　我們已知的海洋生物成千上萬，只挑選 80 個物種來寫實非易事，遑論其中有許多是我所鍾愛，就算只記錄寫書期間發現的新物種都可以輕易塞滿這本書。我擬出的 80 個物種清單集合了我覺得能夠具體表現海洋生命各面向的物種，我想呈現給你那些奇特、神祕、迷人的水底生物（偶爾牠們也會在水面或水上），並介紹一些也許你從沒聽過的傢伙，我也想告訴你那些常見物種不為人知的一面，以及帶領你細察科學家們是如何持續探究海洋的運作原理，並發現所有運作都環環相扣。

這本書裡所有生物的共同特徵，就是牠們都活在鹽水中。其中許多物種我們可以大方稱之為魚類，牠們皆屬於演化樹的同一分支，也就是都具有脊椎與鰭、絕大多數透過鰓在水中呼吸、身體大部分由魚鱗覆蓋。不過，本書也囊括好些長得像魚或名稱帶有魚字，但並非真正魚類的物種，畢竟我們常用魚字來概括海裡的生物，包含鯨魚、海豚、水母、海星與墨魚。[1]

我依據生物所處海盆（ocean basin）的不同為牠們劃分組別，分別是太平洋、印度洋、大西洋、地中海與極地海洋。事實上，這些海盆並非以物理界線劃分的獨立空間，每一個海盆都是世界海洋的一部分，透過不曾歇息的洋流與海底河流彼此相互關連，一個水分子平均要花上千年才能環繞地球一周。你之後在書中看到的許多生物有牠們自己的旅程，為了尋找生存所需資源與環境，在繁殖地與攝食地之間遷徙幾千哩。對於這些大範圍遷徙的物種，我依據牠們與哪個海盆關係最密切、花最多時間停留來決定牠們屬於哪一組。其他只棲息於一地或僅在特定地方出現的物種，分配牠們的組別就很簡單了。

這本書裡我所蒐集的生物顯示，人類文化一直以來都跟海洋生物有所關連，雖然這些連結常以出人意料的方式呈現，因為人類能實際見到水下景象的時間很短。大多數時候，人類僅能站在岸邊凝視大海，想像下面究竟有什麼。我們只能瞥見潮間帶的生物，看到被沖上岸的海中生物遺骸，其他海洋生物都在我們視線之外，因為看不見，心也就不想了。然而，海洋生物實與陸生的我們緊密相連。

幾千年來海洋一直養育著人類。擁有 2 萬 3 千年歷史的魚鉤與 4 萬 2 千年前的一堆魚骨遺跡是目前最古老的證據，說明當時人類不僅在容易抵達的岸邊採集海鮮，還會遠離海邊，捕捉鮪魚這類遠洋魚。除了食物，人類探索海洋時發現各式各樣好用而珍貴的

1　譯注：水母、海星與墨魚的英文分別為 jellyfish、starfish、cuttlefish，皆是以英文 fish 結尾而帶有魚字。

材料，海洋提供無數稀奇古怪的物質，從鯊魚鰭、偽獨角獸角，到使用貝殼分泌金絲織成的布料，以及實為抹香鯨糞便的龍涎香。

現在，人們正積極地探索海洋與海中生物，希望能從大海中找到人類所面臨的許多問題的解答。發光水母徹底改變科學家研究基因、組織、身體與疾病的方式，貝殼致命毒素所含化學成分讓人數到手軟，但亦可用來調製新藥。許多生物在深海極端環境蓬勃生長，工程師在牠們身上尋求次世代材料的靈感。

隨著科學家愈瞭解海洋以及海中生物，「所有地球生物都倚賴健康的海洋」這個事實變得愈來愈清晰。海洋默默貢獻了太多，我們呼吸的氧氣有一半產自表層的藻類與浮游生物，牠們依靠深海與下方捲起的營養鹽存活。海洋在全球氣候扮演重要角色，大量的碳與熱被海洋吸收才讓這顆星球變得宜居。然而，這一切及海中生物現在都岌岌可危。

人們長久以來把海洋視為無限供貨的量販店陳列架，另一方面又把海洋當成哆啦 A 夢如無底洞般的百寶袋，能裝下所有人類不想要的東西。現在，我們知道這些都不是事實。事實是，在商業撈捕、塑膠廢棄物與其他持續不斷的汙染、有心或無意的棲地破壞、全球暖化與海平面上升等人類造成的衝擊下，海洋已遭受重創。

好消息是越來越多人已開始轉變思維，意識到海洋並沒有大到能承受所有衝擊。我們必須竭盡所能地讓海洋健康、完好、充滿生物多樣性，而我們現在已有比以往更好的方案去達成前述目標。拯救海洋不存在一帖放諸四海而皆準的萬能處方，最終仍須倚賴人們認知到海洋是有限、珍貴且無可替代的，而且還要仰賴全世界的努力。增加對海洋的瞭解、對海洋保持興趣、更關心海洋生物，這些就是拯救海洋的關鍵，也是我對本書的期望。

以下是我所挑選 80 種的魚類及其他海洋生物，牠們是海洋的使者，各自擁有自己的故事，內容敘述牠們的水下生活並解釋為何海洋如此重要。希望你會喜歡牠們的故事。

大西洋
間鰩 [2] | Flapper Skate

Dipturus intermedius

2020 年，在蘇格蘭的水族館裡，一隻鰩魚努力鑽出卵鞘，舒展牠原先捲起的胸鰭，彷彿拍打翅膀般開始在池子裡游動。這隻魚寶寶體長 27 公分，而這也是為何間鰩變成極危物種的原因——間鰩一出生的體型就大得讓牠們很容易被漁網與拖網纏住。

間鰩是巨大、扁平的鯊魚親戚，這是牠們首次在人工環境下繁殖。當時，一隻母間鰩意外地被漁夫捕捉，在漁夫還沒來得及將牠放回大海前，牠已在甲板產下一顆卵。這顆卵於 535 天後孵化。

間鰩是大西洋鰩魚中體型最大者。成魚展開牠們的「翅膀」時可長達 2 公尺，大小與鬼蝠魟相若。間鰩以往被稱為一般鰩魚（common skate），後來科學家發現這個名字其實包含了兩個物種：間鰩與藍鰩，所以現今已不再使用一般鰩魚稱呼間鰩。

設得蘭群島（Shetland islands）、奧克尼群島（Orkney islands）以及蘇格蘭西部沿海是間鰩僅存的棲息地。2015 與 2021 年，於此範圍成立的兩個海洋保護區對此物種產生很大幫助，潛水員甚至在天空島（Isle of Skye）周遭海床發現了產在礁石與海藻間的 100 顆間鰩卵鞘。

大西洋與北海的鰩魚幾百年前就已出現在人類歷史。16 世紀的歐陸貿易中有一種叫傑尼哈尼佛（Jenny Haniver）的品項，此稱呼據信源自於法文 *jeune fille d'Anvers*，意即「來自安特衛普的少女」，顯示該商品多來自比利時港口。這一商品是由水手們加工死去的鰩魚，將之製成奇形怪狀的物體，並宣稱那是龍、惡魔、美人魚，甚至是天使的遺體而予以販售。鰩魚鼻孔與嘴吧被當成是傑尼哈尼佛的臉，公鰩魚兩側下垂如陰莖的生殖交接器則被當成腿。

近期，人們有較多機會在海灘發現被沖上岸的空鰩魚卵鞘。蒐集卵鞘變成公民科學家幫忙追蹤間鰩、其他鰩魚以及卵生鯊魚族群的重要手段。

2　譯注：因台灣並非此魚棲地，目前尚無中文名稱。
　　其種小名 *intermedius* 意即「中間的」，
　　故暫依台灣的命名習慣以間鰩稱之。

大西洋
歐洲烏賊 | Common Cuttlefish
Sepia officinalis

　　歐洲烏賊的學名提供了一條線索[3]，可解答以往人類利用他們的主要用途。從古代，人們就知道烏賊受到驚嚇會噴出深色墨水，人們會將墨囊整顆取出，將墨囊內的物質做成墨水或帶紅棕色調的水彩顏料。

　　18、19 世紀是使用烏賊墨水的全盛時期，當時包含透納（J.M.W. Turner）與梵谷（Vincent van Gogh）在內的藝術家，會在其水彩畫作中使用深褐色烏賊墨水。不只剛殺取的新鮮墨囊可製成墨水，保存很久的標本一樣可以。1826 年，英國古生物學家安寧（Mary Anning）發現一具已滅絕的烏賊親戚「箭石」的化石，該化石墨囊內仍充滿帶有豐富黑色素的顏料。她的朋友兼化石採集同伴菲爾波特（Elizabeth Philpot）把這些兩億年前古代頭足類的化石顏料摻水，用這些顏料繪製在同年代岩層中發現的魚龍圖像。

　　另一方面，所謂「棕褐色調照片」（sepia photograph，又稱烏賊色調照片）除了顏色相同外，跟烏賊一點關係都沒有。這類流行於維多利亞時代的單色照片並不是透過讓黑白照片褪色而產生，其棕色色調是藉由暗房裡的化學過程製作出來的。

　　烏賊利用噴墨來禦敵，噴出一團深色雲霧來嚇唬攻擊者。魷魚、章魚等其他頭足類也會噴墨。黏稠的液體混著墨水噴出，在水中形成一團被稱為假象（pseudomorph）的東西，施展誘敵之術的同時，真的烏賊便趁機逃之夭夭。小短尾魷魚會噴出數道相當於 5 倍體長（不過他們的體長僅 1 公分）、彷彿繩子形狀的墨水，他們會附著在上頭或隱藏其中，也許是偽裝成一叢漂浮的海草葉吧。

　　世上有超過 100 種烏賊。澳大利亞巨型烏賊（*Sepia apama*）可長逾 1 公尺、重達 10 公斤。仿魷魚（*Sepioloidea Lineolata*）又被稱為條紋睡衣魷魚，但他實際上是烏賊。火焰花枝[4]（*Metasepia pfefferi*）的火焰一詞除了是他的名字，也精確描繪了他讓人驚艷的外型與閃爍變幻的體色。

3　譯注：烏賊的英文屬名 *Sepia*，即為深褐色之意。
4　譯注：此處以台灣常用名稱譯出。烏賊即為花枝，兩者實為同一物。

被沖上岸的白色橢圓烏賊骨板，其實是烏賊有著許多孔隙的內骨骼，與鸚鵡螺的腔室作用相似，具有調整浮力的功能。當烏賊死亡，漂至水面的骨板常被沖刷上岸。往昔人們會收集骨板，並將之磨碎作為拋光粉與牙膏添加物。由於主成分為碳酸鈣，骨板也曾被當成抗酸劑使用。傳統的金屬鑄造工藝會使用骨板作為模具，將戒指壓在兩片骨板間留下凹痕，再將熔化的金屬注入，即可翻製出一模一樣的戒指。如今，飼養鳥與絨鼠的人，甚至寄居蟹與蝸牛的飼主，都會提供烏賊骨板讓寵物啃食以補充鈣質。

　　一如其他的頭足類親戚，烏賊的表現顯示牠們非常聰明。近期的劍橋大學研究發現，歐洲烏賊擁有驚人的自制力，牠們通過了變化版的棉花糖測試──原版本的測試是孩童可以馬上得到一塊棉花糖，但如果他們願意克制自己，等候一陣子，則可以獲得兩塊棉花糖。在歐洲烏賊的實驗裡，研究者會提供幾塊明蝦肉讓烏賊可以馬上吃掉，或者烏賊也可以選擇更可口的活蝦，但唯有在牠們達成「等候且不吃明蝦肉」的條件下，研究者才會提供活蝦。在這些測試中，烏賊確實會等待活蝦超過 2 分鐘之久，有的烏賊甚至會在等待活蝦時刻意背對明蝦肉，以顯示牠們拒絕小甜頭誘惑。這種能拒絕當下甜頭的行為，顯示烏賊擁有很好的決策能力，並且能計劃未來。

大 西 洋

鱘魚 | Sturgeon

Acipenseridae

　　多數人從沒看過完全成體的鱘魚，也就是身上披著數排被稱為稜鱗（scute）的骨板而非魚鱗，而且有著被稱為魚鬚（barbel）的下垂鬍鬚，不過，許多人反而熟悉鱘魚在生命初期階段的模樣——魚子醬。長久以來，品嚐鱘魚卵始終是一大享受，古希臘哲學家亞里斯多德就對魚子醬評價甚高。19 世紀時，法國人開始從俄國進口這道珍饈，很快地就征服了世人的味蕾；20 世紀初，美國產的魚子醬開始在全球氾濫，由於價格低廉，在酒吧甚至被拿來像花生米般免費招待，讓酒客吃得滿嘴鹹而多喝幾杯。

　　時至今日，每年有數百噸的魚子醬被人類吃下肚，它們大多來自養殖而非野生的鱘魚。貝魯加鱘（*Huso huso*，又稱白鱘、歐洲鰉）是生長於裡海與黑海的巨大鱘魚，最頂級的魚子醬即是用此種鱘魚卵製作。貝魯加鱘可長達 8 公尺，冠著相同名字的哺乳類「貝魯加鯨」（即白鯨）都沒那麼大。1924 年，在俄國捕獲的一條母貝魯加鱘重達 1.2 噸，其中近 0.25 噸是魚卵的重量！過漁與非法撈捕導致貝魯加鱘目前被歸為極危物種。閃光鱘（*Acipenser stellatus*）與俄羅斯鱘（*A. gueldenstaedtii*）也面臨相同困境，這兩個物種以前的分布範圍遍及黑海、亞速海、裡海，現在牠們的身影已成為難得一見的景象。這兩種鱘魚卵分別被製成高價的賽佛魯加（sevruga）魚子醬以及奧斯特拉（ossetra）魚子醬。整個鱘科的狀況都不樂觀，27 種鱘魚中的 23 種都面臨滅絕風險。鱘魚必須洄游產卵，矗立在洄游路線的水壩也是造成鱘魚族群量銳減的兇手。

　　雖然不若鱘魚的卵廣為人知，但人們從數世紀之前就開始利用牠們的其他部位。像多數的魚一樣，鱘魚會使用可充氣的魚鰾調整浮力，鱘魚鰾的皮薄，而且大小與形狀適中，在適當的位置套上一條帶子就成為了保險套。鱘魚保險套被使用在 17 世紀的歐洲，於清教徒革命（English Civil War）時期發放給士兵以降低梅毒散播。另一項流傳更廣泛久遠的鱘魚鰾利用方法，是製成被稱為「魚膠」的透明物質。古埃及人拿魚膠當膠水，羅馬人則用它覆蓋傷口及修補骨折處。據說，羅馬的賣藝者在表演赤腳過火前，會先在腿上塗抹魚膠以防燙傷。

幾百年後，英國釀酒師開始使用魚膠，因為富含膠原蛋白，魚膠可與啤酒中懸浮的酵母結合並沉澱，成就一杯澄澈透明、冒泡的啤酒，這在陶瓷與金屬啤酒杯被透明玻璃啤酒杯取代後格外重要。起初，釀酒用的是俄國鱘魚魚膠，當時魚膠是魚子醬貿易的副產品。到了 18 世紀中葉，人們發現更便宜的鱈魚鰾也具有相同功效。時至今日，仍有一些釀酒師繼續使用魚膠，直到 2017 年，每一杯健力士啤酒都含有微量魚膠。

　　西歐當地也有鱘魚棲息，但其處境與他們的東方表親相同，都屬於極危物種。人們獵捕歐洲鱘魚的歷史已有數百年，主要是為了獲取牠們的肉。跟鮭魚的習性相似，鱘魚也會在海中度過牠們的大半生，然後沿著河流洄游到內陸產卵。過去，歐洲鱘魚洄游產卵時會組成龐大群體，但 1994 年出現在法國吉輪特（Gironde）河口的壯觀景象是牠們的最後一舞。幾十年以來，人們在復育鱘魚上做了許多努力。2007 及 2015 年，有將近 160 萬隻鱘魚被人工繁殖後野放。公鱘魚需要 12 年才能達到性成熟，母鱘魚則需要 20 年，當年被野放的鱘魚在不久後的將來應該就要準備交配了。魚類學家正密切注意這些人工繁殖的鱘魚行蹤，從現在起的任何一天都可能是牠們開始現身，重回歐洲各產卵地的時候。

大西洋
笠螺[5] | Limpet
Patellidae

　　笠螺是很低調的海螺，有些人覺得牠們乏善可陳，但這取決於你是在何時遇上牠們。笠螺曉得如何在變動不居的世界存活，一天中潮起潮落，笠螺要先應付冷水與浪濤，接著暴露在乾燥空氣中，面對被豔陽烤熟的可能。

　　退潮時最常看到笠螺，這同時也是牠們在殼裡藏得最好的時候，此時的牠們看起來像一座座沒有生命的小火山。藉由把強壯的腹足變得像吸盤一樣，再加上黏液讓牠們暫時黏附在適當位置，笠螺可以把殼牢牢固定在礁石上。以上動作既能保護牠們不被曬乾，還可以減少被海鳥啄起的可能性。事實上，若想從礁石拔起一顆笠螺必須用上 100 公斤的力道。

　　漲潮時，笠螺就像睡醒一般，開始尋找食物。牠們用砂紙般的舌頭刮取新鮮海藻上的孢子體，彷彿貓咪舔食一碗結冰的牛奶。如果你不排斥弄濕雙腳，小心地探索岩岸，當浪湧上時，你可以趁機偷襲那些滿是笠螺的礁石，把耳朵貼近，也許能聽到牠們正在大快朵頤的聲音。

　　留意笠螺在礁石上繪製的幾何藝術，那些之字形痕跡正是牠們舌頭上長著超強牙齒的證據。一個材料學家團隊發現笠螺超強牙齒背後的祕密，那些「牙齒」是由富含鐵質的礦物──針鐵礦（goethite）──所構成的大量細微管絲。笠螺的牙齒是已知生物材料中最堅硬者，若是笠螺想要，牠們甚至能啃穿防彈背心！

　　科學家也研究了擁有反光條紋的歐洲笠螺（blue rayed limpet），牠們是笠螺家族中最閃亮的成員。歐洲笠螺殼上有一層可反射藍光的不規則結構，其反射方式可利用於發展投影在汽車擋風玻璃的透明光學顯示器。

　　目前為止仍有一個關於笠螺的不解之謎，也就是牠們可以在退潮時直線爬回老巢，至今沒人知道牠們究竟是怎麼認出回家的路。

5　譯注：這裡的笠螺是指笠螺科（Patellidae），又稱帽貝，與水族店家所販售俗稱為笠螺的壁蜑螺（*Septaria porcellana*）不同，後者屬蜑螺科（Neritidae）。

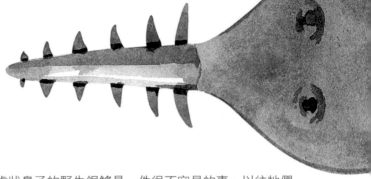

鋸鱝 | Sawfish

Pristis spp.

　　如今想一睹擁有鋸齒狀鼻子的野生鋸鱝是一件很不容易的事，以往牠們悠遊在全世界超過 90 個國家的海岸線，激發了各種想像。不過，也正是這個被神話與傳說圍繞的奇特部位，導致鋸鱝逐漸走向末日。鋸鱝帶刺的「鼻子」令人印象深刻，其正式名稱為吻部（rostrum），具有兩種功能：如探測器般偵測獵物發出的微弱電磁訊號，以及作為揮砍的武器。吻部長度占鋸鱝 1/4 的體長，並且十分容易被漁網鉤住。

　　世界各地的傳統藝術、民間故事與歷史文物，都顯示人們千年來深信鋸鱝的神奇力量，牠是戰士、是百姓的保護者、是替人們帶來好運的象徵。在阿茲提克帝國的古代廢墟，一些墓穴裡擺放著被當成供品的鋸鱝魚吻，它們可能是活人獻祭時的法器，也可能是供奉給上天的祭品。1400 年前，巴拿馬的科克萊（Coclé）人便在陶器上繪製抽象的鋸鱝圖案，至今鋸鱝仍在巴拿馬原住民文化中扮演重要角色。居住在巴拿馬外海聖布拉斯（San Blas）群島的卡納（Kuna）人相信鋸鱝能保護他們免受海中危險生物攻擊、拯救溺水的族人，薩滿巫師能召喚金色鋸鱝神靈提供協助。

　　阿寧迪利亞夸（Anindilyakwa）人生活在澳洲北領地（Northern Territory），他們相信河流是遠古鋸鱝用鋸齒狀的鼻子在大地上刻畫出來的。居住在巴布亞新幾內亞賽皮河（Sepik River）的當地人，則相信鋸鱝神靈會藉由釋放可怕的暴風雨來懲罰違反捕魚禁忌的人。將伊斯蘭教傳入婆羅洲的學者帕蘭安（Tuan Tunggang Parangan）據說是乘坐在一隻巨大鋸鱝背上抵達婆羅洲，他因此被稱為「鋸鱝騎士」。

　　由於被視為「帶著劍的鯊魚」，鋸鱝常被跟戰爭聯想在一起。菲律賓、巴布亞新幾內亞、塞內加爾，以及根本不在鋸鱝分布範圍的紐西蘭，都把牠們的吻部當成傳統武器。在伊朗，可被追溯至六千年前的遺跡中出現了鋸鱝的身影，牠們被描繪成動物劍客，是戰士的象徵。到了近代，二戰期間的納粹德國 U 型潛艇以及美國潛艦也不約而同地漆上鋸鱝艦徽。

在西非幾內亞比索的比熱哥斯（Bijagos）群島，表演傳統舞蹈的年輕人戴著三角形木頭面具，面具頂端曾立著鋸鰩幼魚的吻部，當野生鋸鰩消失後，他們開始用木雕模型取代。奈及利亞舞者則戴著用一整條鋸鰩做成的面具來模仿水神，他們認為仁慈的水神會賜予財富、保佑漁獲豐收。在甘比亞，人們會將鋸鰩吻部掛在家中以保佑房屋免於災厄及祝融，掛在圍欄上則是祈求牲畜平安。

今日，最常見的鋸鰩是出現在西非法郎的硬幣與紙鈔上的圖案，這種貨幣流通於塞內加爾到貝南間的 8 個主要靠海國家。貨幣上的圖案是以鋸鰩為外型的青銅法碼，幾世紀前的迦納人用它來替當時流通的黃金粉貨幣秤重。

雖然牠們看起來像是長了厲害鼻子的鯊魚，但鋸鰩實際上是魟魚——跟鯊魚是表親，同為板鰓類。你可以藉由觀察鰓是否長在朝下的扁平腹部來分辨魟魚及鯊魚。鋸鰩有時被誤認為鋸鯊，牠們都有鋸齒魚吻與長得像八字鬍的魚鬚，不過，鋸鯊就真的是鯊魚，鰓位於身體兩側。即使鋸鰩並非鯊魚，但魚翅羹帶起的魚鰭需求仍讓鋸鰩在劫難逃。已知有 5 種的鋸鰩族群數在近幾十年崩潰，過度撈捕是主要原因。目前唯二能讓人一睹鋸鰩風采的地方是佛羅里達與澳洲北部，牠們在那邊受到嚴密保護。

大西洋

歐洲鰻 | European Eel

Anguilla anguilla

　　鰻魚一直是很神祕的魚，有關鰻魚的問題被問了幾千年，其中人們最好奇的就是「鰻魚到底是從哪裡來？」長久以來，人們提出了各種想法。古埃及人認為鰻魚來自被太陽曬暖的尼羅河，古希臘哲人亞里斯多德主張鰻魚會自然而然從泥巴中湧現，羅馬作家老普林尼（Pliny the Elder）推測鰻魚在岩石上摩擦後，脫落的皮屑會變成鰻苗。

　　想到這麼多人都吃過鰻魚，鰻魚身世卻始終成謎，實在讓人驚訝。歐洲鰻是鰻鱺屬（*Anguilla*）的 18 個物種之一。在中古世紀的英格蘭，鰻魚是撐起經濟發展的主力，牠們是老百姓吃的平價食物，用柳條製成的魚簍在全國河流與湖泊都撈得到鰻魚，可拿來製作成鰻魚派、鰻魚燉湯，鰻魚甚至被用來支付租金。11 世紀末，每年有超過 50 萬條鰻魚被當成貨幣使用，有些專門拿鰻魚當租金的地主還會把這些滑溜動物納入他們的家徽。

　　到 18、19 世紀，鰻魚在英格蘭仍然是很受歡迎的食物，包含鰻魚凍。這道料理發源於倫敦東區，一度是以在泰晤士河捕獲的鰻魚製成。鰻魚富含膠質，會在熬煮高湯時釋放，放涼即成為固態果凍。並不是只有英格蘭人嗜吃鰻魚，德國、波蘭及丹麥人會煙燻歐洲鰻，瑞典人喜歡用啤酒燉鰻魚，義大利人做茄汁鰻魚，比利時人則偏好青醬鰻魚。

　　鰻魚的身世之謎仍未破解。19 世紀中葉，「鰻魚是由甲蟲長成的」這類老觀念仍廣為流傳，雖然聽起來可笑，但是鰻魚確實經歷了變態，在整個生命過程中，牠們的外表大幅變化。人們到最後才發現原先幾種被認為是不同種的生物其實都是鰻魚，牠們只是鰻魚在生命不同階段的長相。

　　如光滑鞋帶的透明蠕蟲是被稱為「玻璃鰻」的鰻苗。進到內陸後，常出現於湖泊與池塘的，是長大很多的「黃鰻」。沿河游回海中的則稱為「銀鰻」。以上是鰻魚生命過程中的三個重要階段，然而，仍有很多未解之謎。

　　精神分析學的創始人佛洛伊德（Sigmund Freud）在職涯早期研究的是動物而非人類。1870 年代，他耗費大量時間在解剖台，希望能成為第一位找到鰻魚睾丸的人，結果一無所獲。感謝之後的丹麥科學家，我們現在已瞭解佛洛伊德失敗的原因。

施密特（Johannes Schmidt）像前人一樣，被「鰻魚究竟從何而來」的問題所吸引，他花了 20 年找尋鰻魚幼苗，足跡遍布大西洋。他於 1923 年發表的論文指出鰻魚來自藻海（Sargasso Sea），一個百慕達附近的廣大區域，他主張鰻魚會遷徙至藻海產卵。鰻魚的幼苗看起來像是長著迷你頭部的小葉子，牠們被發現從藻海漂往歐洲（美洲鰻 *A. rostrata* 也在相同區域繁殖，只不過後來往西方漂移），待抵達歐洲海岸時，牠們會轉變為玻璃鰻型態。接著長成更大的黃鰻，逆流而上朝內陸前進。在最終轉變成銀鰻之前，牠們會先在內陸待上數十年，然後才開始游回幾千哩外的出生地，並在前往出生地的過程中達到性成熟。終於，在 2022 年，英國科學家用衛星標籤追蹤成熟母鰻，發現牠們會一路游回藻海，正如施密特在百年前所預測。

　　現在，我們看著鰻魚時的疑問變成「迎接牠們的是哪種未來？」近幾十年，歐洲沿海出現的玻璃鰻數量已暴跌 95%，歐洲鰻現在是極危動物。鰻魚銳減跟擋住洄游路線的水壩有關，也是數十億元的非法鰻魚貿易所導致。光靠日本當地的日本鰻（*A. japonica*）無法應付亞洲人對鰻魚料理的廣大需求，且鰻魚並非完全人工養殖[6]，鰻魚走私集團藉由販售野生歐洲玻璃鰻賺得大把鈔票，牠們被運至亞洲養殖場養大。保育人士稱此為世界最大規模的野生動物犯罪。

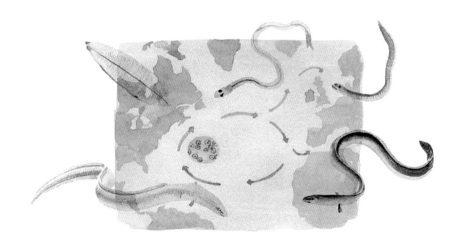

6　譯注：約莫於本書英文版發行的同一時期，日本近畿大學終於在 2023 年 7 月 5 日完成了完全養殖的創舉，並於同年 10 月底發表。這裡的完全養殖指的是從養殖場購買母鰻，採卵進行人工授精，待孵化並長大至成魚後，再透過人工授精產出下一代。

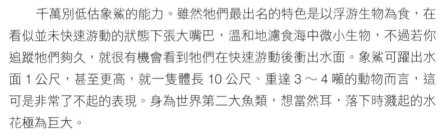

象鯊（又名象鮫、姥鯊）

Basking Shark

Cetorhinus maximus

　　千萬別低估象鯊的能力。雖然牠們最出名的特色是以浮游生物為食，在看似並未快速游動的狀態下張大嘴巴，溫和地濾食海中微小生物，不過若你追蹤牠們夠久，就很有機會看到牠們在快速游動後衝出水面。象鯊可躍出水面 1 公尺，甚至更高，就一隻體長 10 公尺、重達 3 ～ 4 噸的動物而言，這可是非常了不起的表現。身為世界第二大魚類，想當然耳，落下時濺起的水花極為巨大。

　　科學家們分析前述象鯊展現空中特技的影片，計算出象鯊要躍至該高度，必須以時速 18 公里的速度往水面衝，這跟大白鯊躍出水面前的加速不相伯仲。大白鯊是頂級掠食者，需追逐泳速快的獵物，例如海豹，所以大白鯊能游得那麼快一點也不讓人意外。另一方面，前述影片分析也說明象鯊只是選擇慵懶度過大部分時間，一旦牠們想，照樣能游得飛快。

　　為什麼象鯊以及大白鯊要花那麼多體力跳出海面？這是另一個未解的海洋之謎。科學家對此提出很多想法，也許是象鯊透過跳躍來跟同類溝通、求偶、宣示地位，或者是為了擺脫讓身體發癢的寄生蟲。象鯊也會大範圍遷徙，一隻母鯊在曼島（Isle of Man）被綁上衛星追蹤器，之後記錄到她橫越大西洋，在三個月內游了將近一萬公里，最後出現在加拿大的紐芬蘭。鱈魚角（Cape Cod）的象鯊會到游到亞馬遜河河口，也許那邊是牠們交配與養育幼鯊的地方。

　　象鯊巨大而飽含油脂的魚肝擁有豐富的維他命 A 與鯊烯（squalene），後者可作為工業潤滑劑及化妝品原料，牠們因此遭到獵捕。從 18 世紀以來，牠們就是挪威、蘇格蘭、愛爾蘭漁業的獵捕目標。1940 年代，在英國博物學家麥斯威爾（Gavin Maxwell）寫出有關海獺的暢銷書《明水之戒》（*Ring of Bright Water*，1960）之前，他曾企圖在蘇格蘭索厄島（Isle of Soay）建立專門獵捕象鯊的公司。他寫下用機關槍、獵槍及魚叉獵捕象鯊的經驗，並描述從象鯊魚體深處取出魚肝的血腥又困難的過程。那時蘇格蘭政

府甚至會發給獵捕象鯊的漁夫一小筆額外賞金，因為象鯊被認為是有害的生物，牠們被纏住時會弄壞漁網，且當時人們認為象鯊的巨嘴會吃掉所有珍貴漁獲。加拿大英屬哥倫比亞的象鯊族群也遭到類似的迫害，1955 到 1964 年間，有一項聯邦的消滅象鯊計畫，他們將一片刀刃安裝在巡邏艇船首，旨在將象鯊剖成兩半。

由於象鯊族群減少且不再容易捕獲，導致許多地方的象鯊漁業沒落。即使如此，一般認為到了 1990 年代，英國仍在北大西洋捕殺了 10 萬條象鯊。現在這個物種已於很大程度上受到保護，在不得撈捕的情況下，目前象鯊的野外族群數已經相對穩定。不過，仍有部分象鯊會被意外捕獲，牠們的巨大魚鰭十分珍貴，與其被做成魚翅羹，更常被掛在牆上當作戰利品。

象鯊也許解釋了許多歷史上出現的海怪故事。當象鯊屍體被沖上岸，牠們會很快地分解並錯位脫節，而在人們找到這些奇形怪狀的殘骸時，就會聯想起藏在他們心底的恐怖怪獸。

大西洋黑鮪 | Atlantic Bluefin Tuna
Thunnus thynnus

　　黑鮪魚是泳速快的大型魚種。鐮刀狀的尾鰭能劃破水阻，流經全身的溫血則加熱強而有力的紅色肌肉，牠們不僅能成長到轎車大小，連速度都與轎車不分軒輊。黑鮪魚這些強大的特徵恰好是讓牠們聲名遠播的原因——牠們既是美食，也是短時間內生態滅亡的代表。每年一月在東京舉行的魚市拍賣會上，每隻黑鮪魚都會被標上高價。2019 年，自封為「鮪魚王」的日本壽司店老闆木村清（Kiyoshi Kimura）用 3 億 3360 萬日圓（折合台幣約 9 千萬元）標下一隻黑鮪魚。新年拍賣會是行銷噱頭，因為一年裡其他時間的黑鮪魚價格從未像一月那麼高，不過這也顯示牠們廣受市場青睞。然而，故事並非一開始就是如此。

　　傳統上，日本人偏好使用味道較清淡、較細緻的食材來做壽司，例如白身魚和貝類，他們認為黑鮪魚肉味太重。1840 年代的鮪魚有個綽號 *neko-matagi*，意思是「連貓都會從上面走過去，甩都不甩」。1950 年代，在距離日本很遠的地方，人們對鮪魚的態度轉變了。美國與加拿大的垂釣者開始與在大西洋沿岸進行季節性遷徙的強壯鮪魚展開搏鬥，這些大傢伙是釣客們的最愛，他們用巨大的釣竿和捲線器和鮪魚進行一場場拔河。為了贏得比賽及炫耀戰利品，魚隻會被帶上岸秤重拍照，完成即被丟棄。被釣上岸的鮪魚若不是被扔到垃圾掩埋場，就是被丟回海裡，偶爾賣給製作寵物食品的工廠。在北美，沒人想過要吃鮪魚，血淋淋的暗紅色魚肉非當地人所好。

　　約莫是日本電子產品在美國變得大受歡迎的時期，一批批載滿產品的飛機飛越太平洋抵達美國，但飛回日本的卻是空機。日本航空公司聘了一組團隊，要他們想出能填滿回程飛機的商品，在這種背景下，團隊的目光投向了黑鮪魚。一位高層人士建議把北美釣客不要的廉價冷凍黑鮪魚裝上飛回日本的飛機，想辦法把這些魚推薦給壽司師傅。這一決定剛好搭上日本人的飲食變化，也就是二戰之後越來越多人開始吃牛肉。習慣吃牛肉後，原先被認為肉味太重的黑鮪魚變得可被接受，鮪魚料理開始風行。沒過多久，鮪魚的滋味從日本傳回美國，世界各地都開始出現黑鮪魚需求。短短幾年內，黑鮪魚從被棄之如敝屣變身為桌上佳餚，這全拜當初巧妙的行銷計畫呀！

世上有三種黑鮪魚，最大的是大西洋黑鮪，然後是棲息在北太平洋的太平洋黑鮪（*Thunnus orientalis*）以及南太平洋的南方黑鮪（*T. maccoyii*）。牠們全是壽司店的目標，數量因而大幅減少。從比例上來看，若 1940 年還有 50 隻大西洋黑鮪魚存活，則 2010 年就只剩 1 隻。那一時期的野生鮪魚狀況非常糟糕，基於科學建議，多國開始採納降低撈捕配額等改善措施。好消息是措施似乎有效，黑鮪魚數量出現恢復跡象，雖然遠低於商業撈捕以前的數量，但族群數正慢慢增加，大西洋黑鮪不再被列為瀕危物種。在國際瀕危物種名單中，南方黑鮪原先被歸為「極危物種」，現在則被放在狀態沒那麼危險的「瀕危物種」，反映出族群數的增長。

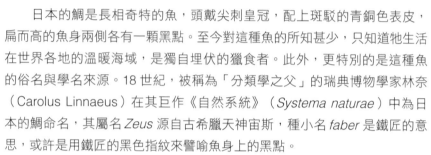

大西洋
日本的鯛[7] | John Dory
Zeus faber

　　日本的鯛是長相奇特的魚，頭戴尖刺皇冠，配上斑駁的青銅色表皮，扁而高的魚身兩側各有一顆黑點。至今對這種魚的所知甚少，只知道牠生活在世界各地的溫暖海域，是獨自埋伏的獵食者。此外，更特別的是這種魚的俗名與學名來源。18世紀，被稱為「分類學之父」的瑞典博物學家林奈（Carolus Linnaeus）在其巨作《自然系統》（*Systema naturae*）中為日本的鯛命名，其屬名 *Zeus* 源自古希臘天神宙斯，種小名 *faber* 是鐵匠的意思，或許是用鐵匠的黑色指紋來譬喻魚身上的黑點。

　　至於此魚為何又被稱為多利魚（John Dory）？雖然流傳著許多說法，但沒有一個能說服所有人。有人說多利魚源自於法文的 *jaune* 及 *dorée*，意思是「黃色」及「金色」，若著眼在魚隻的金色紋路也許說得過去，但何必用上兩個詞彙呢？日本的鯛在英文裡被稱為聖彼得魚（St Peter's fish），義大利文稱 *pesce San Pietro*，西班牙文叫 *pez San Pedro*，德文名為 *Petersfisch*，魚身黑點據說是漁夫使徒聖彼得撿起魚時所留下的痕跡。有類似的故事被用來解釋黑線鱈側身的深色塊斑，不過，在某些版本裡那是惡魔留下的印記。

　　無論名稱緣由是什麼，隨著海水持續暖化，日本的鯛變得越來越常見。漁業科學家預測鱈魚等冷水魚將漸漸離開北海，其地盤將由從溫暖海域來的魚種取而代之。英國最受歡迎的炸魚薯條所使用的食材，或許有朝一日會從鱈魚變成日本的鯛吧！

7　譯注：「的」讀音同「第」。日本的鯛又被稱為魴魚、多利魚、日本海魴等。

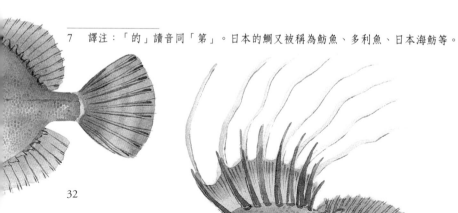

大 西 洋

美洲鱟 | Atlantic Horseshoe Crab

Limulus polyphemus

　　早在恐龍出現於地球之前，這種長得像尖刺頭盔且有著長尾巴的生物就已經在海床爬行。鱟並非螃蟹，牠與蜘蛛、蠍子以及已滅絕的廣翅鱟（sea scorpions）關係更親近。在牠們的祖先漫遊海中超過 4 億 8000 萬年後，如今許多鱟會發現自己可以短暫地到人類世界走一遭。每年有超過 50 萬隻鱟被撈捕上岸，牠們在實驗室裡被擺放整齊，等著被採集亮藍色血液。待血液被抽出 1/3 後，鱟會被放回野外。

　　現今活著的人大多在暗中被鱟血救過命。鱟血的藍色來自血青素（haemocyanin），相當於人類血液裡的血紅素。更重要的是，鱟的血液含有強大免疫細胞，被稱為變形細胞（amebocyte），對細菌產生的毒素高度敏感。鱟血萃取物可用來測試新藥、手術器材與醫用植入物的安全性。近期，由於研發新冠病毒疫苗過程須經毒性測試，開發者對鱟血的需求大增。

　　過往，科學家認為歷經抽血劫難的鱟被放回野外後大多能繼續存活，然而後來研究發現野放後的鱟死亡率達 1/3，且母鱟被野放後多半會停止生育。雖然一種可替代鱟血的合成劑已在 2010 年左右問世，不過相關規則的制訂進度拖沓，醫藥廠商對該合成試劑的接受速度也很慢。

　　除此之外，鱟還面對著其他威脅。亞洲的中華鱟是現存四種鱟之一，由於海岸開發、汙染以及海平面上升，目前正面臨繁殖地喪失的問題。美國的鱟被大量捕捉，製作成撈捕鰻魚與鳳螺用的誘餌。鱟的減少對其他動物是壞消息。剛入夏時，數以千計的鱟會爬上美國東邊的德拉瓦灣（Delaware Bay）沿岸。交配時，公鱟貼緊母鱟，將卵產於沙中。這些卵是紅腹濱鷸（red knot）等候鳥的重要食物來源，牠們從南美南端遷徙至北極群島（Canadian Arctic）途中須落腳覓食，若少了鱟卵補充體力，這些候鳥將沒有機會抵達目的地。

大西洋
領航鯨 | Pilot Whale
Globicephala spp.

　　無論是長肢領航鯨或短肢領航鯨，人們見到大量領航鯨的機會遠高於其他鯨豚，只不過看到的卻是牠們擱淺在海灘的悲慘景象，一次一整群。牠們光滑的黑色身體在沙灘排成一列的新聞畫面已經不是新鮮事，通常會有救援隊努力設法讓鯨魚能平安回到海中，但這些努力並非次次見效。2020 年，近 400 隻長肢領航鯨擱淺在塔斯曼尼亞（Tasmania）後死亡，是澳洲有史以來最嚴重的擱淺事件之一。

　　為何這些敏捷的游泳專家、水中導航員受困淺灘的頻率如此之高？答案至今成謎，但牠們的高度社會連結至少可解答部分原因。領航鯨生活在一個緊密連結的母系群體中，數量大多介於 10 到 30 隻，由一隻年長母鯨率領。如果群體中的一隻陷入麻煩，其他也逃不掉。2015 年，蘇格蘭天空島便發生一起因為一隻母領航鯨難產，在極為緊迫的情況下擱淺後，其他成員也跟著她游上岸的案例。

　　此外，尚有其他著名的擱淺熱點，例如紐西蘭黃金灣的送別岬（Farewell Spit）。有時是地形與水文因素形成鯨魚陷阱，向外的急潮導致大範圍淺海出現傾斜砂質海床，可能會擾亂鯨魚的回聲定位系統。

　　人們在幾世紀前便曉得領航鯨會自然擱淺，並且利用此特點捕鯨。法羅群島（Faroe Islands）的居民從維京時代獵捕領航鯨至今，當人們發現一群領航鯨靠近海岸，船隊隨即出發將鯨群驅趕至海灘，並在淺灘人工宰殺領航鯨，鯨血遂染紅整遍海灣。獵捕者宣稱由於該島十分貧瘠，無法種植足夠作物或飼養足夠牲畜，獵鯨傳統讓島民獲得維生用的重要食物，但動物福利組織認為這種獵捕既殘忍又不必要。日本的領航鯨獵捕行為也招致相同譴責。

這些擱淺與被獵捕的領航鯨揭露了令人不安的海洋健康相關真相。領航鯨壽命長達 60 年，在日復一日的進食中累積毒素，包含汞、鎘與其他航運污染物。科學家檢視擱淺領航鯨的大腦，發現毒素會隨年齡增加，因此法羅群島首席醫療官於 2008 年宣布領航鯨的肉已不再適合人類食用。

芋螺 | Cone Snail

Conidae

「可遠觀而不可褻玩焉」，這句話在探索海洋時也要謹記在心，其適用的對象很多，包含美麗但偶爾致命的芋螺。世界上大約有七百種芋螺，棲息在熱帶淺海，體型差異懸殊，小至如指甲，大至如一支分量十足的冰淇淋甜筒，不過這支「甜筒」[8]可吃不得。每種芋螺都有獨門的混合毒素，稱為芋螺毒素（conotoxins），牠們把毒素儲存在中空的牙齒內，待適當時機噴出。會對人類造成傷害的芋螺沒那麼多，但確實有幾種能致死。被殺手芋螺（*Conus geographus*）刺到，一開始會有麻麻的搔癢感，接著橫膈膜會快速麻痺，最終導致窒息。由於芋螺毒素成分太過複雜，目前仍未研發出血清。芋螺體內彷彿軍械庫，用上萬種特殊的化學成分混合出芋螺毒素。

早在發現芋螺體內有這麼多化學成分之前，人們就已先被螺殼上的華麗圖案所吸引。出土的史前文物顯示，幾千年前的人類就會蒐集、佩戴芋螺。夏威夷產的普卡貝殼項鍊使用了受海水侵蝕形成孔洞的芋螺碎片串製而成，是 1960 年代衝浪反主流文化的象徵，一時蔚為風潮。

芋螺是貝殼蒐集者的最愛。殼上花紋繁複，有點狀、塊狀、線狀、三角形和折線。這些花紋背後隱藏著未解之謎：為什麼藏身在沙中，只有晚上獵食才現身的螺卻長著花紋複雜的殼？答案至今無人知曉。一種可能的説法是，這些花紋是幫助芋螺造殼的記號。隨著芋螺長大，殼也持續增長，牠們會將造殼原料（碳酸鈣）送到開口端，花紋能幫助牠們對齊，避免殼長歪。

雖然無法確定螺殼花紋的意義，但我們曉得為何芋螺有芋螺毒素以及它的運作機制。多數芋螺以蟲為食；較毒的芋螺則以魚類為食──是的，牠們有本事捕到魚。芋螺複雜的化學武器讓行動緩慢的牠們仍可獵捕到能快速蠕動或游動的獵物。近期研究指出，部分芋螺毒素具有類似胰島素的效果，會讓魚隻因血糖驟降而昏厥，另外的一些芋螺毒素則類似費洛蒙，誘使蟲類進入極度狂歡狀態，以性愛派對為誘餌分散注意力，使獵物變得更容易捕捉。

---

8 譯註：芋螺的英文俗名為 cone snail。cone 有圓錐體與盛裝冰淇淋所用的錐形甜筒之意，故以此描述芋螺殼的形狀。

如同芋螺仿製獵物的分子，人類也利用了芋螺的毒素。一種以僧袍芋螺（C. magus）的毒素為基礎所研發的止痛藥可阻斷傳往大腦的疼痛信號，其他被芋螺毒素啟發而正在開發的藥物，則包含愛滋病、新冠肺炎與瘧疾的用藥。芋螺可以傷人，但在可見的未來，被牠們拯救的人或許更多。

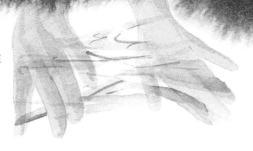

大西洋、太平洋
盲鰻｜Hagfish
Myxini

　　如果你知道盲鰻，那麼八成聽過關於牠們的特殊才藝──把一隻外表類似鰻魚的盲鰻放入桶子，快速攪動一下，你馬上會得到一整桶黏糊糊的東西。這可不是隨隨便便的黏液，當科學家終於搞懂盲鰻是怎麼產生這些黏液時，他們可是讚嘆不已。

　　盲鰻的每個黏液腺可分泌出一茶匙的物質，而牠們身上有幾百個黏液腺，故可瞬間裝滿一整桶，當中混合了黏液以及比人類頭髮細 100 倍的蛋白絲。當蛋白絲還在特殊細胞內時，會交織成紮實結構，看起來像松果；當被釋出時，前述結構會快速鬆開並膨脹 1 萬倍。由這些蛋白絲構成的彈性纖維強度是尼龍的 10 倍，材料學家希望能將盲鰻黏液打造成彈力繩與防彈纖維，美國海軍則對研發人工盲鰻黏液表示高度興趣，希望能藉此讓敵艦被困在一片暫時無法穿透的黏液海中。

　　盲鰻演化出獨一無二的黏液作為防禦武器。一段影片顯示，在深海中一隻鯊魚攻擊盲鰻後馬上將之吐出，因為鯊魚嘴巴完全被黏液塞滿，黏液堵住掠食者的鰓，使之無法呼吸。那麼，盲鰻是如何不讓自己被自身黏液嗆死呢？答案是牠們把自己的身體打結。由於沒有脊椎，盲鰻可以大幅彎曲，牠們會將自己繞成一個單結，讓單結一路滑過身體，藉此弄掉身上的黏液。牠們進食的時候也會施展打結招數，讓牠們能固定住動物屍體。盲鰻是食腐動物，牠們處理動物屍體，從魚到鯨魚，凡是落到海底的都吃。由於沒有上下顎，盲鰻使用嘴巴兩側的粗糙骨板刮取屍體表皮，而非用咬的。盲鰻會鑽進牠們在屍體上找到的任何孔洞，然後單純躺在裡面，透過皮膚吸收養分。

　　世界各地的盲鰻被捕捉後都會送至韓國，盲鰻皮在韓國有市場需求，介於灰色到粉紅色、沒有鱗片的盲鰻皮膚會被製成皮革。韓國人吃盲鰻，有時還會將黏液當成烹飪材料──蛋清的替代品。韓國附近海域的盲鰻已被撈捕殆盡，現在仰賴從遠方進口，澳洲、巴西、日本的盲鰻也都面臨滅絕風險。盲鰻形象雖不討喜，但牠們在海中扮演重要的清道夫角色，滋養海床，讓其他的魚隻得以繁衍茁壯。

另一群沒有上下顎的魚是七鰓鰻目（Petromyzontiformes），約有 38 種，屬於寄生動物，以吸取其他魚隻的血液為生。人類吃七鰓鰻的歷史久遠。亨利一世究竟是不是如傳說所述死於放縱地「吃了過多七鰓鰻」？雖然真相不得而知，但可以確定七鰓鰻的料理方式早在許多國家流傳數世紀，特別是歐洲國家。由英國格洛斯特（Gloucester）地區的主廚每年向在位君主獻上七鰓鰻做成的派，是從中古世紀以來就有的傳統。

　　盲鰻與七鰓鰻的祖先可以追溯得比其他魚類更久遠，不過二者是由誰先演化出現，則尚屬爭辯中的議題。儘管起源非常古老，七鰓鰻仍不斷讓當今科學家吃驚。例如，若將七鰓鰻的脊椎完全切斷，其脊椎會自動復原，三個月後魚隻即可游得一如既往，就算在同一位置又再切斷一次，牠還是能恢復如初。有關七鰓鰻如何讓損壞神經重生的研究，讓我們看見了治療人類脊椎損傷的可能性。

大西洋（與世界各地）
抹香鯨 | Sperm Whale
Physeter macrocephalus

　　即使只是在浪花末梢瞥見一眼，也足以辨認出抹香鯨。牠們的鼻子又方又大，噴出的水氣歪歪斜斜朝左偏。噴氣孔即鯨魚的鼻孔，抹香鯨透過一個鼻孔呼吸，位於另一個封閉鼻孔的內部管道則與抹香鯨的發聲有關。像蝙蝠一樣，抹香鯨在黑漆漆的深海透過回聲定位搜索獵物，牠們會擤一擤右邊封閉的鼻孔，讓氣體通過被稱為猴唇（monkey lips）的可震動皮瓣，產生一連串喀喀聲響送往水中，接著仔細聆聽回音來判斷烏賊在哪裡。

　　有些海洋生物耳熟能詳，抹香鯨是其中之一，因為人們已經狩獵、宰殺與加工了上百萬頭。幾世紀以來，歐洲與美洲捕鯨人為了抹香鯨身上各種有價值的部位而追殺牠們，其中最珍貴的莫過於鯨魚頭內的金色液體——鯨蠟。鯨蠟的英文是 spermaceti，因為以往鯨蠟被誤認為是鯨魚的精子（sperm），現在則認為鯨蠟的功能是強化鯨魚在獵食時發送的音波。捕鯨人能從一條抹香鯨巨大的頭部取出幾百加侖鯨蠟。鯨蠟燒起來又亮又乾淨，曾經是上好的燃油，點亮了 19 世紀的歐美街道，連燈塔的強光也須靠它。

　　除了鯨蠟，捕鯨人也在抹香鯨體內搜索另一種珍貴物品——龍涎香。龍涎香之於抹香鯨就像珍珠之於牡蠣，鯨魚分泌如蠟般光滑的物質來保護內臟不被堅硬的魷魚喙所傷。通常這些混著魷魚喙的滑溜物質會很快隨鯨魚的排泄物排出，但少數抹香鯨的腸道天生有阻塞物，跟魷魚喙混合後變成一顆又大又硬的糞石。龍涎香至今仍是高價香水的原料，許多國家目前已禁止持有或交易龍涎香，不過，這些價值百萬的糞石偶爾會被沖刷上岸。

　　當抹香鯨的消化系統正常運作，代表牠也正在為地球默默貢獻。抹香鯨在深海狩獵時，為了節省氧氣以供肌肉與腦部使用，牠們大部分的身體機能會暫時關機，待回到海面，才又開始呼吸及排泄。那些由鯨魚所釋出富含鐵質的液體排泄物，就是促成浮游生物爆發性增殖的完美肥料，而增殖後的微小藻類則會吸收大氣中的碳。在商業捕鯨興起前，南極洲附近海域的抹香鯨數量充足，牠們每年可以移除大氣中 200 萬噸的碳。

人類還會利用抹香鯨的另一部位。為了打發捕鯨過程中長達數年的船上空檔，水手們發展出鯨魚骨雕刻藝術（scrimshaw），也就是用針在鯨魚骨骼或抹香鯨牙齒上雕刻圖案的技藝。時至今日，斐濟男性在向伴侶求婚時，他們會獻上一條串著抹香鯨牙齒的編織繩。有些家庭保存鯨齒且代代相傳，當地話稱之為 *tabua*，就是為了在求婚時派上用場。斐濟人從不捕鯨，牙齒來自擱淺的鯨魚以及早期跟鄰近的東加（Tonga）交易所得。現在所有跨國的抹香鯨交易都被禁止，真正的抹香鯨齒（市面充斥著仿冒品）十分有限，一顆要價上千美元，斐濟的年輕男性為了在婚前蒐集足夠鯨齒，往往要存錢好幾年。

　　當商業捕鯨剛開始在北海興起，抹香鯨並不是難度太高的目標。抹香鯨在受到驚嚇時會一起聚集在海面，那是牠們抵禦本來的唯一天敵——虎鯨——的有效策略，但用來對抗人類適得其反。不過，古老檔案顯示捕鯨船的捕鯨成功率在兩年內下降 58%。科學家認為抹香鯨已學會往上風處逃竄，還會攻擊捕鯨船，甚至鯨群可能會教導彼此如何自我保護。抹香鯨活在具高度社會性的母系群體，由群體中有經驗的鯨魚教導無經驗的同伴被攻擊時該如應對，這個可能性是存在的。然而，即使找到了應付美洲捕鯨人的方法，卻仍有大量抹香鯨遭到屠殺，隨著柴油動力船與爆炸魚叉加入戰局，捕鯨被推向另一個高峰，光是在 20 世紀便有超過 76 萬頭抹香鯨遭捕鯨人獵殺。一般認為現存抹香鯨約有 36 萬頭左右。

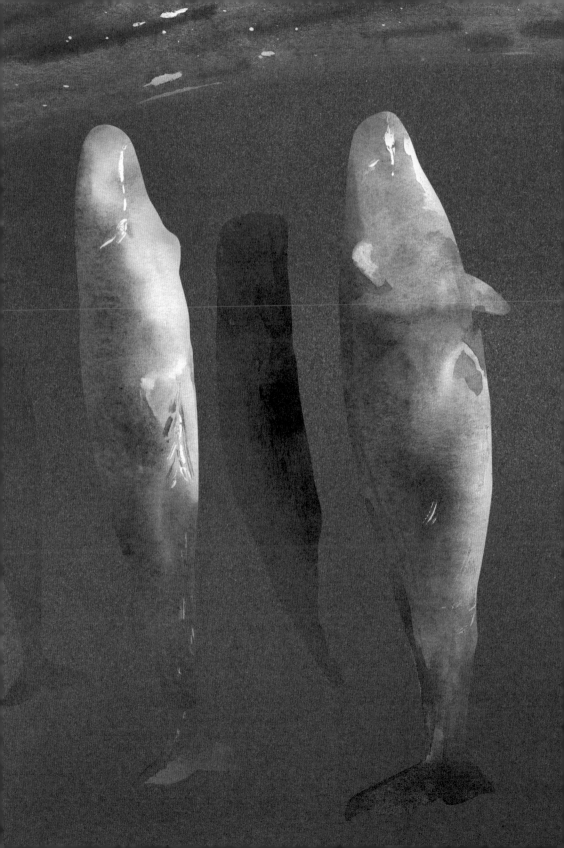

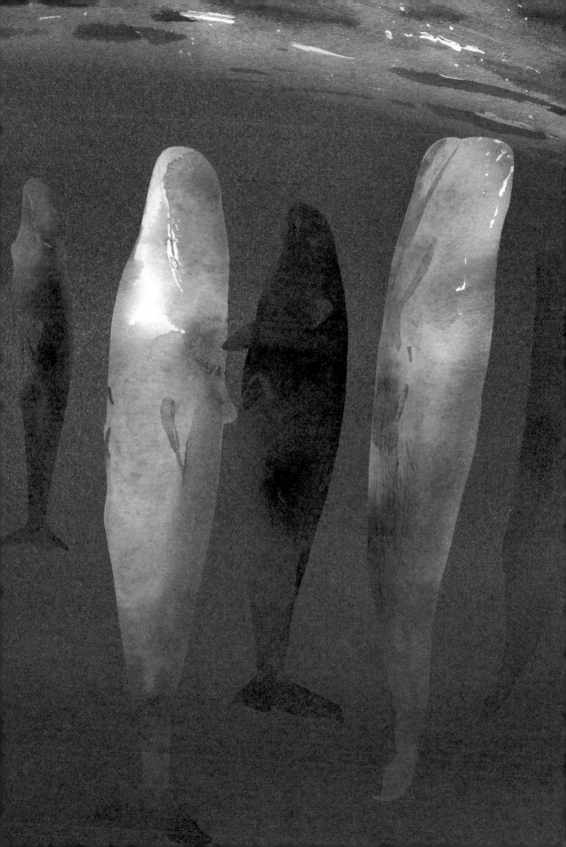

大西洋（與世界各地）
燈籠魚 | Lanternfish
Myctophidae

　　燈籠魚是海中最豐富的魚種，也許亦是最重要的魚種，但幾乎沒什麼人看過牠們，因為燈籠魚白天都躲在水深數百公尺、陽光快無法穿透的暮光區（twilight zone）。燈籠魚科包含 250 個物種，這些銀色且如大拇指大小的魚看起來像眼睛比較大的沙丁魚，魚吻短鈍，身上散布著藍色光點。要實際清點出全球燈籠魚的數量是不可能的任務，不過估計有幾百兆，甚至可能是上千兆隻。牠們不僅榮登魚類之中數量最多的寶座，跟世上其他任何一種脊椎動物相比（例如相較於 240 億隻的家禽雞），燈籠魚也是大勝。

　　燈籠魚在 19 世紀就被發現了，然而直到 1950 年代，人們才開始好奇世界上究竟有多少隻燈籠魚。科學家與海軍軍官使用當時新發明的聲納來測量海洋深度，並且偵測遠方水下的生物及潛艇，當看到聲納回波圖顯示看似堅硬的海床竟在夜裡神奇地朝海面升起，破曉後又降回深海，他們都感到大惑不解──為什麼「海床」會定時上升與下降？後來他們才曉得，聲納的回波是反射自上兆隻燈籠魚的魚鰾。燈籠魚會集結為一層高密度、廣達數百平方公里的魚群，夜晚時牠們朝水面移動，在夜色中捕食浮游生物，待太陽升起，牠們再移往深處。這是地球上最大規模的動物遷徙，而且每一天都在世界各地上演。

　　棲息在遠洋深海的動物很多，燈籠魚會在缺乏躲避物的海中央靠身上的光點來隱匿蹤跡，也就是所謂的「發光消影」（counter-illumination）。其概念是藉由魚腹的藍色光點讓牠們從下方看起來不像是剪影，下方的掠食者原本可透過魚型輪廓剪影輕鬆辨認出獵物並發動攻擊。燈籠魚身體側邊還多出一排光點，可能具備溝通功能，讓魚隻能協調牠們的方向，使彼此不致在龐大魚群中相撞。光點分布位置因燈籠魚種類不同而異，暗示光點在燈籠魚辨認彼此時扮演一定角色，或許也用於求偶。

數量豐富的燈籠魚對海洋生態十分重要，部分原因是許多生物以牠們為食，包含鮪魚、鯊魚、章魚、烏賊、海豹、企鵝、海鳥、海豚及鯨魚，除此之外，牠們每日的上下移動對氣候影響甚鉅。燈籠魚有助於地球保持涼爽，牠們夜晚在海面覓食，吃下大量浮游生物，接著肚裡裝著浮游生物游回海洋深處，每晚周而復始。此過程形同燈籠魚及其他遷徙生物，如管水母（siphonophore）與水母，每年將百萬噸的碳搬運到深海再透過呼吸和排泄釋出。這些溶解的碳一旦被埋入深海，它們將被隔絕於大氣數千年。

遍及海洋、不可勝數的燈籠魚目前大多未遭人類染指，不過有些人已經盯上牠們。幾間企業正在進行小型實驗，評估能否從撈捕燈籠魚中獲利。雖然以人類食用標準而言，燈籠魚太油，骨頭也太多，但若磨成魚粉及魚油來餵食養殖鮭魚，亦不失為一種方案。假如撈捕燈籠魚的規模升級，將可能導致海洋失衡以及氣候變遷更加惡化。

大西洋
白斑角鯊 | Spiny Dogfish
Squalus acanthias

　　很多人不知不覺中吃了鯊魚而不自知。菜單上不會大剌剌寫著「白斑角鯊」，但幾十年來，英國料理炸魚薯條攤位上標示著岩鮭魚（rock salmon）的看板，其實就是指牠們。改名換姓是重新打造食物形象的一部分，目的在說服更多人吃因拖網漁船而開始大量捕獲的鯊魚，也有人用赫司（huss）這個名稱販售白斑角鯊料理。世界各地還有很多其他種鯊魚被送至市場，以各種跟鯊字無關的名字販售，例如澳洲所稱魚片（flake）、美國所稱白魚（whitefish）或排餐魚（steakfish）、法國所稱小鮭魚（*saumonette*）以及義大利所稱的海中犢牛肉（*vitello di mare*）。

　　歷經大西洋高強度捕撈，白斑角鯊的族群數比起 1905 年銳減超過 95%，目前被列為易危物種。部分原因在於白斑角鯊公魚需要 10 年、母魚需要 20 年才能達到性成熟，這對魚類來說是非常久的時間。就算母魚終於成長到可以繁殖，一胎也必須懷上 2 年，跟大象懷胎時間相同，這意味著此物種不適合被大量捕捉。

　　角鯊科（Squalidae）包含超過 100 個物種。另一個貓鯊科（Scyliorhinidae）則包含大約 150 個物種，牠們有著長長的、像貓一樣的眼睛，有時牠們會被誤認為角鯊。不過，透過繁殖方式即可清楚分辨這兩類鯊魚，角鯊產的是幼鯊，而貓鯊生的是卵。

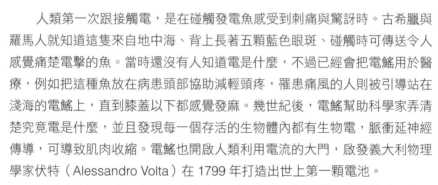

電鰩 | Electric Torpedo Ray

Torpedo torpedo

　　人類第一次跟接觸電,是在碰觸發電魚感受到刺痛與驚訝時。古希臘與羅馬人就知道這隻來自地中海、背上長著五顆藍色眼斑、碰觸時可傳送令人感覺痛楚電擊的魚。當時還沒有人知道電是什麼,不過已經會把電鰩用於醫療,例如把這種魚放在病患頭部協助減輕頭疼,罹患痛風的人則被引導站在淺海的電鰩上,直到膝蓋以下都感覺發麻。幾世紀後,電鰩幫助科學家弄清楚究竟電是什麼,並且發現每一個存活的生物體內都有生物電,脈衝延神經傳導,可導致肌肉收縮。電鰩也開啟人類利用電流的大門,啟發義大利物理學家伏特(Alessandro Volta)在 1799 年打造出世上第一顆電池。

　　電鰩在夜間覓食,牠們藏在海底,利用身體兩側一對腎臟形狀的器官產生 220 伏特的電壓電昏獵物。該器官由鰓部肌肉特化而成,裡面充滿發電細胞(electrocytes),這些細胞失去收縮能力,取而代之的是可推動帶電離子穿過細胞膜,如同電池一般儲存電荷,且能夠在必要時一次釋放。

　　世上另外存在幾十種類似電鰩的發電軟骨魚,包含雙鰭電鱝科(Narcinidae)、單鰭電鱝亞科(Narkinae)、澳洲睡電鰩科(Hypnidae)。也有會發電的硬骨魚,例如在美國東側的大西洋沿岸,分布於北卡羅來納與紐約間的斑點星騰(*Astroscopus guttatus*),牠們可藉由朝天眼之間的部位發出微弱電流。生活在淡水中的發電魚則有電鯰(Malapteruridae)、象鼻魚(Mormyridae)以及許多不同的飛刀魚,其中包含惡名昭彰、名中有鰻但實際上不是鰻魚的電鰻(*Electrophorus electricus*)。總之,至少發生了六次獨立的演化事件才造就目前這些彼此關係甚遠的發電魚,不過牠們的共同點在於,一律忽視「用電時別用水,用水時別用電」的安全守則。

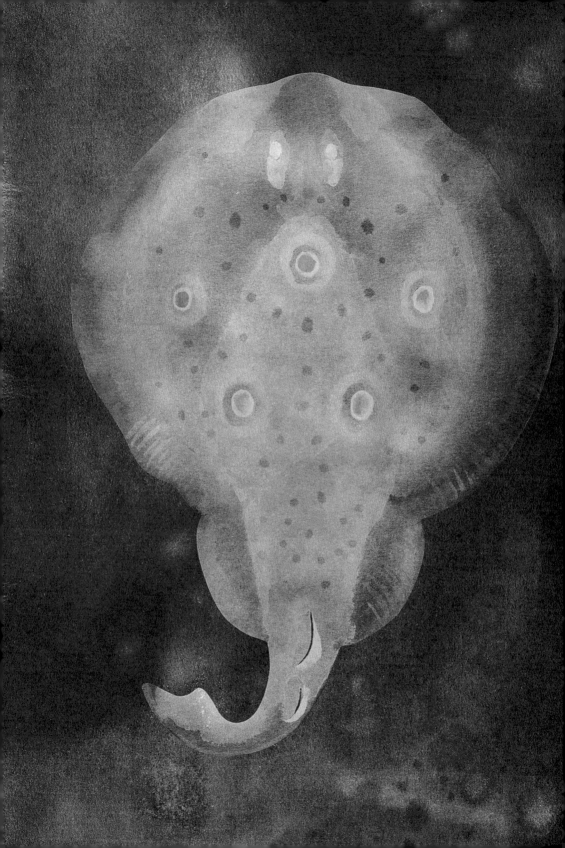

地中海

大江珧蛤 | Noble Pen Shell

Pinna nobilis

　　海絲（sea silk）這款上等布料，已經在人們口中流傳了幾千年。故事裡，過世的古埃及帝王被製成木乃伊下葬時就是用海絲包裹；羅馬皇帝穿的長袍則是以海絲鑲邊。有些人說當希臘神話的英雄傑森踏上尋找金羊毛的旅程時，他和亞果號伙伴（Argonauts）其實是在尋找一件由海絲織成的物品。西元 3 世紀的中國貿易商人宣稱海絲是產自名為水羊（watersheep）的生物，牠會爬出海面，在礁石上摩擦身體，留下一縷金絲，人們蒐集並將金絲紡成紗。不出所料，前述故事中許多都不是真的，部分是歷史上的拼字錯誤所致。不過，故事也不全都是假的。確實有種布料叫海絲，是用巨型貝殼的金色觸鬚製成。至少，這部分是真的。

　　大江珧蛤是江珧蛤科（Pinnidae，此科別英文俗名為 fan mussel）中的最大物種，牠們的殼立在海草上有 1 公尺高，殼的尖端插入海床，用具黏性的絲固定。其他雙殼貝類也會吐出類似的絲，餐廳主廚在準備白酒淡菜（moules marinière）的食材時，會先從紫殼菜蛤（*Mytilus edulis*）上拔除的就是這種東西。大江珧蛤沿著牠們滑溜溜的足部分泌液體蛋白，待凝固變硬即成絲線。一根完整的觸鬚由 1000 根絲構成，每根絲可長達 20 公分。這些絲被抽出並紡成紗線，再編織成為海絲。

　　經鑑定最古老的海絲來自布達佩斯，可追溯至西元 4 世紀（透過顯微鏡下的蛋型橫剖面可確認這些絲）。一頂在法國出現由海絲製成的帽子則可上溯至 14 世紀。還有更多的海絲製品，包含手套、圍巾，都是 18、19 世紀歐洲藏珍閣裡常見的收藏。1804 年，尼爾森（Horatio Nelson）就曾經贈送給愛人漢米爾頓（Emma Hamilton）一雙來自薩丁尼亞島的海絲手套。義大利歷來都是海絲製品的編織中心，薩丁尼亞島是現存唯一能製造海絲的地方，從觸鬚紡成看似羊毛的金絲技藝目前僅剩幾位婦人知曉，但由於大江珧蛤已被列為受保護物種，在無法採集更多觸鬚原料的前提下，她們目前只能拿祖母輩流傳下來的老觸鬚湊合著用。

這些雙殼貝類的觸鬚絲又被稱為「足絲」（byssus），這個名詞正是之前那些海絲故事的錯誤癥結。在希伯來文、希臘文或拉丁文等古老語言中，足絲一詞有不同的拼法。這個詞的正確拼法是指江珧蛤的絲，亞里斯多德在其著作《動物誌》（*Historia animalium*）便曾提過（足絲在古希臘文中是「深度」的意思，也是英文「深淵」（abyss）的由來）。然而，足絲的古老拼法有另一個不同涵義，是指由棉、絲、麻製作的任何細布，而非特指海絲。基於類似的拼字問題與誤譯，學者養成一種習慣，只要看到古書裡出現足絲這個詞彙就當它是指海絲，導致金羊毛是海絲，埃及木乃伊的裹屍布也是海絲。

　　真正的海絲非常稀有，從古至今都是如此，不過，自從一個無聲殺手襲擊地中海後，大江珧蛤變得比海絲更罕見。2016 年，一場致命瘟疫消滅了西班牙與義大利的所有大江珧蛤，保育人士正不安地關注發展，他們擔心大江珧蛤實已滅絕。

地中海

海菊蛤 ｜ Spiny Oyster

Spondylus spp.

　　想在野外找到海菊蛤可不簡單。海菊蛤的棘適合海藻與海綿附著生長，成為牠們藏身礁石與珊瑚礁時的絕妙偽裝。若你撿到海菊蛤的空殼，就會發現在這些活體偽裝下的殼可能是深橘色、紫色、血紅色或閃閃發亮的純白色，或許正是這些顏色吸引了人類幾千年。

　　新石器時代的人類會蒐集愛琴海的海菊蛤，將之雕成珠寶或飾品，並拿來交易，範圍遠至歐洲的另一端。在保加利亞的城市瓦爾納（Varna），出土了一處可追溯至 6500 年前的墓穴群，上百座墓穴裡包含部落領袖的墓，裡面埋藏了大量黃金珠寶，他穿戴的服飾中，有一只箍在上臂的鐲子就是用一顆海菊蛤雕刻而成。基於某種未知的原因，這只鐲子曾被刻意切成兩半，再以黃金薄片裝飾固定。用地中海海菊蛤製作的古文物遍及烏克蘭、巴爾幹半島、匈牙利、波蘭、德國與法國，其形式包含串珠、鈕釦、墜飾、腰帶扣等。進入銅器時代，海菊蛤製品變得更為普遍，然而在大約 3000 年前，牠們忽然從考古紀錄中消失了。

　　幾千哩外，使用另一種海菊蛤的交易開始出現。考古學家追蹤這些殼，包含出現在器皿的圖像或捏成海菊蛤模樣的陶瓷，它們出現在阿茲提克、馬雅以及印加文明中。這些地方的人類利用海菊蛤殼的方法跟歐洲一樣，都是雕刻成串珠與珠寶，並放在墓穴裡，例如在秘魯一座古墓中找到 200 個巨大的殼，該墓穴屬於西元 1000 年左右的蘭巴耶克（Lambayeque）文化。

　　雖然英文俗名叫帶刺牡蠣（spiny oyster），但牠們實際上並非牡蠣，反而跟扇貝（scallops）的關係較近。人們從古代就會吃海菊蛤，包含進行薩滿儀式期間。考古學家猜測古安地斯文化中的祭司會刻意食用受汙染的海菊蛤，以期進入某種精神狀態。紅潮時，海中有毒浮游生物大爆發，吃下此時期採收的蛤蜊會出現麻痺性貝毒（paralytic shellfish poison）中毒現象，讓人覺得身體發麻、飄飄然，有時會感覺自己正在飛翔。

地中海

海綿 | Sponge

Porifera

　　早在塑膠被發明前，人們就會蒐集海中的海綿做各種用途。古代人使用海綿洗澡及刷背；羅馬的百夫長會把海綿塞進頭盔當緩衝軟墊；美術史學家根據上釉時使用的海綿型式可以推算出一件陶器的年代。19 世紀晚期，海綿在女性生育自主上扮演著一種祕密角色，雖然當時節育仍備受爭議，但女性已曉得使用浸泡在消毒劑的海綿作為避孕手段。

　　海綿看起來或許有點像植物或巨型真菌，但牠們其實是動物。事實上，海綿屬於數億年前最早進化出來的那批動物（至於誰才是最古老的動物？科學家們目前莫衷一是）。現代海綿的一生都在用牠們多孔隙的身體過濾水分。海綿的形狀、顏色差異很大，有的長得像一個能讓人蹲坐在內的大桶子，有的像燭台，有的像煙囪，有的像是五彩繽紛的黏液被抹在珊瑚礁上。最近，一段縮時影片記錄下深海海綿打了一個慢動作噴嚏的過程，這個噴嚏足足花了數週才完成。

　　人類不是唯一使用海綿的生物。澳洲海豚會銜著海綿覓食，也許是當成翻找海床時的護具。海豚間還會彼此傳授這個新招，但特別的是，只有母海豚會這麼做。

　　希臘有很長一段時間是潛水採集海綿的世界之都。起初是由潛水員憋氣並抓著重物下沉，到了 20 世紀初，潛水頭盔裝為海綿採集業帶來改變，潛水員能潛得更深、待得更久。

　　海綿在美國的佛羅里達也是一門大生意。在採集的高峰期，每年有 20 萬噸的海綿出自佛羅里達礁群島（Florida Keys），各種海綿都成為目標，其中最珍貴的是羊毛與絲絨品種海綿，不像其他海綿帶有尖銳的矽質海綿骨針，羊毛與絲絨海綿大部分是由被稱為「海綿絲」（spongin）的彈性纖維構成。

不過，佛羅里達的海綿產業發展遇上了麻煩，隨著海床上的海綿數量逐漸枯竭，潛水員必須到離岸更遠、更深的海底採集。到了 1938 年，一場致命瘟疫席捲整個加勒比海，消滅當地所有海綿，導致產業崩潰，嚴重影響海綿採集者的生計。這項產業本身也加速了自己的衰亡，採集者誤以為擠壓被稱為咖哩（curry）的活海綿部分可以幫助海綿釋放孢子，有助海綿繁殖，但事實並非如此，擠壓動作反而讓海綿原本從海中吸附的傳染性微生物又被吐回大海。海綿會被稱為「海綿」不是沒有道理的——熱帶海綿能在 24 小時內淨化自身體積 20 萬倍的海水，並且過濾其中 90% 的細菌。隨著佛羅里達的海綿族群遭過度採集，他們無法像原先那樣過濾海中的大量細菌。證據顯示當細菌變得過多，它們很可能從原先的相對無害變成極度致命。

　　今日，人們對海綿的興趣已經從物理上的使用轉移至他們所具備的化學潛力。科學家在海綿內部發現大量強效化合物，市面上許多藥物都是從海綿萃取的化學物質中研發，包括治療白血病的賽得薩注射劑（cytarabine）、對抗乳癌的化療藥物艾日布林（eribulin）。瘧疾用藥、能殺死超級細菌的新抗生素，以及許多跟海綿有關的藥物都在規劃中。從海洋挖掘潛在化學物質，效率較高，也對生態較友善。現在已不用從海裡打撈數噸海綿才能提煉其中的化學成分，當前的科學家只需要從活海綿中取出一小片，即可在實驗室裡測試並合成感興趣的化合物，毋須另行自野外採集。人們對來自深海的海綿越來越感興趣，深海是一座未開發的寶庫，裡面藏著各種未知生物以及種類繁多的複雜化學物質等待探索。

地中海

船蛸 | Argonaut

Argonauta spp.

　　船蛸漂浮在海中，生得章魚模樣卻躲在脆弱且透亮的殼中。古希臘哲學家亞里斯多德曾提到牠們，描述這種章魚把殼當成小船，兩個腕的末端為膜狀，牠們把腕伸向空中，彷彿風帆捕捉著風，讓這艘船與水手穿過重重海浪。這則被不斷提及的故事流傳了幾世紀，但牠們究竟是什麼章魚？外殼打哪兒來？幾百年來博物學家們為此爭論不休。有好長一段時間，人們認為船蛸是兩個不同物種，外殼是由一種叫 Argonaut 的神祕生物製造，名字源自希臘神話中跟傑森（Jason）一起搭乘亞果號（Argo）出海的英雄們，從來沒有人看過活生生的造殼生物 Argonaut，因為章魚會攻擊牠們並把牠們吃掉，之後占據外殼在海面航行。另一派人則認為 Argonaut 和章魚實為同一種生物。

　　兩派的爭論直到 1830 年代才由法國科學家維勒普克斯－鮑爾（Jeanne Villepreux-Power）畫上休止符。她彷彿那個年代的杜瑞爾（Gerald Durrell）[9]，最初是一名裁縫師，嫁給富商後便搬到義大利的西西里島，開始在那裡研究島上野生動物。她把動物帶回家中觀察，用玻璃製作一個箱子，注入海水並放入海中生物，包含當地漁夫抓到的船蛸。她透過那座具開創性的魚缸進行一系列觀察與實驗，發現這隻小章魚可以輕鬆地完全脫離外殼，跟無法脫殼而出的的蝸牛、蛤蜊不同。她把外殼從魚缸取出後，章魚無法再次造出新外殼，不過牠能用銀色膜狀的背腕末端摩擦破損的殼，以此進行修補。而當她削掉部分外殼，章魚會在魚缸底部找尋外殼碎片並將之黏回原處。

　　解開謎團的最後一片拼圖，是維勒普克斯－鮑爾在殼的內部發現了卵。當新生的章魚成長至指甲大小時，她發現這些章魚幼體開始長出殼，證明了並不是章魚偷走 Argonaut 的殼，真相是 Argonaut 本身就是一種能製造外殼的章魚。百年來的爭論終於塵埃落定。

9　譯注：傑若・杜瑞爾（1925-1995），博物學家、作家及生態保育者。未受正規學術訓練，年少時在希臘科福島（Corfu）終日與動物為伍並自學生物相關知識，1959 年創辦動物園，拯救與復育瀕危動物。自學、在島上與生物為伍，以及打造動物園（魚缸）觀察動物，都是維勒普克斯－鮑爾與他的相似之處。

章魚的祖先在百萬年前就停止造殼，然後演化出的船蛸又重新獲得造殼能力，只不過船蛸的造殼方式與祖先不太一樣，牠們並非藉由稱為外套膜（mantle，類似一鍋白酒淡菜中，一顆淡菜的粉紅色部分）的身體軟組織分泌外殼，船蛸用的是牠們特化的膜狀背腕。

　　目前已知海中有四種船蛸。有時牠們會吸附在水母身上，推測是為了躲在水母的刺絲保護之下，有時牠們甚至會把水母的身體啃出一個洞，直接搶走被水母吃下肚的獵物。船蛸還有「紙鸚鵡螺」的外號，因為牠們的殼看起來就像鸚鵡螺的殼，雖然這兩種生物的關係並不密切，但可以被歸類為趨同演化，也就是兩種生物在演化過程找到類似的方案來應對相同挑戰。

　　只有雌船蛸才會造殼，雄船蛸非常小而且很難發現。繁殖方式是雄船蛸接近雌船蛸，然後自割一條腕留在雌船蛸身上。在維勒普克斯－鮑爾觀察時就發現了那條腕，只不過當時她以為那是寄生蟲。這條特化、裡面裝著精子的斷肢被稱為「交接腕」（hectocotylus），是一個常見的章魚特徵。一隻雌船蛸身上可同時攜帶數條不同雄船蛸的交接腕，需要時便可以此授精。接著，雌船蛸的殼成為移動式育嬰房，幼體待在裡面生長，直到可以展開牠們自己的冒險生活。

地中海

八放珊瑚 | Octocoral

Octocorallia

　　靠近點，仔細觀察微小、花狀的珊瑚蟲，數數牠的「花瓣」（實際上是觸手）有幾瓣？如果是八瓣，那麼你眼前的是八放珊瑚。許多八放珊瑚的舊名是 gorgonian，名字來自希臘神話中可怕的蛇髮女妖戈爾貢（Gorgon）三姊妹，只要看到她們的人就會被石化。在奧維爾的《變形記》（*Ovid's Metamorphosis*）中，帕修斯砍掉了戈爾貢女王梅杜莎的頭，並將頭顱放在一床海草上，使海草變成了石頭；在某些版本裡，海草變成了珍貴的紅色八放珊瑚——沙丁紅珊瑚（*Corallium rubrum*）。

　　幾千年來，人們欣賞、熱愛紅珊瑚，深信那鮮紅的珊瑚骨骼具有神奇力量。羅馬人用紅珊瑚製作的圓珠、飾品向中國及印度交換絲綢、珍珠與黑胡椒。世界各地的文化都認為紅珊瑚可趨吉避凶，能保佑佩戴者遠離疾病、對抗惡咒、可增進生育力、確保豐收、免於暴風雨之災。當時普遍認為海中的各種神奇物品都具備如試毒銀針或解毒劑的功能，從鯊魚牙齒的化石到一角鯨的角皆是如此，紅珊瑚自不例外。在中世紀的義大利，紅珊瑚是保佑孩童的護身符，畫中的嬰兒耶穌有時會佩戴一只紅珊瑚墜飾。紅珊瑚也是日本江戶時代的女士別在髮際的飾品，或被雕刻成佩戴在腰際的小物件「根付」（*netsuke*）。

　　義大利長期以來都是紅珊瑚貿易重鎮。起初是由採集者憋氣並徒手潛水，游到海底後折斷樹狀的珊瑚群體。隨著需求增加以及淺海珊瑚枯竭，便發明了一種能把珊瑚從深海帶上來的器具。這種器具名為 *ignegno*，是由兩根交錯的木頭構成，上面裝著重物與網子以勾纏海底珊瑚。接著出現更大更重的設備 *barra italiana*，它是一根 6 公尺長、重達 1 噸的金屬管，上面掛著金屬鏈條拖行海底，以殺雞取卵的方式將珊瑚脆弱的生長地毀壞殆盡。然後是潛水頭盔裝以及最後出現的現代潛水設備，它們拓展了採集紅珊瑚的範圍。採集沙丁紅珊瑚的風潮席捲整個地中海，桃紅、血紅、粉紅等不同顏色的其他紅珊瑚種類則在北太平洋被相繼發現，1970 年代起，一批批珍貴的珊瑚從原本生長的水下海底山（seamount）被深海底拖船硬拽上來。

可想而知的是，經過幾個世紀的開採，生長緩慢的紅珊瑚遭受嚴重打擊，而這類毀滅性採集方式仍然在很多地方持續著。雖然許多國家開始管制紅珊瑚交易，但管制措施能否確保紅珊瑚永續發展尚不得而知。包括蒂芙尼（Tiffany & Co.）在內的許多珠寶公司，現已拒絕使用任何紅珊瑚。

海洋裡有幾千種八放珊瑚，其中 3/4 生長在深海，包含被稱為泡泡糖珊瑚的紅珊瑚科（Paragorgiidae）、竹珊瑚科（Isididae），以及被稱為海筆的海鰓目（Pennatulacea），其外型猶如雞冠花，可高達 1 公尺，甚至更高。虹柳珊瑚屬（*Iridogorgia*）的成員看起來像大型且會發光的紅千層。海底山上，八放珊瑚與其他珊瑚、海綿一起生長，組成一片豐富的海底森林，各種生物悠遊其間。鎧甲蝦、海葵、陽隧足棲息在枝幹間，深水篦鯊產在珊瑚上的卵鞘彷彿掛在聖誕樹上的裝飾。

即使生長在漆黑的海中，八放珊瑚仍有著繽紛顏色，跟淺海珊瑚礁一樣引人注目。明亮的色素除了被看見之外，可能還有其他目的，也就是它們的味道或許很糟，能夠嚇阻以珊瑚為食的生物，這對於長壽的珊瑚而言是重要策略。竹珊瑚可存活幾百年，一些八放珊瑚的親戚更可活上幾千年。金珊瑚群體（*Savalia* spp.）能活 2700 年。一個像灌木叢的黑珊瑚群體從 4200 年前存活至今，在這叢群體剛出現時，埃及人還在建他們的金字塔呢！

其他被稱為石珊瑚（Scleractinia）的種類，其骨骼由碳酸鈣構成，可在深海形成巨大的珊瑚叢林，讓數以千計的生物棲息於此。1998 年，科學家在蘇格蘭西北沿海發現了一個巨大深海珊瑚群，將之命名為達爾文丘（Darwin Mounds）。在地中海的非洲沿海，科學家則發現已在同一位置生長了 5 萬年的石珊瑚群落，相較之下，大堡礁才不過存在大約 8 千年。

地中海

普通章魚[10] | Common Octopus

Octopus vulgaris

　　沒有其他生物比得上章魚，牠就是這樣獨一無二。若你有機會在水族館或野外海洋遇見一隻章魚，請千萬別錯過。而若是要在腦中想像出最接近外星智慧生物的東西？那你也可以省點力，直接看章魚就對了。章魚本身就是一場演化實驗，他們擁有藍色血液、三顆心臟，眼睛透露出牠們的好奇心。最讓人覺得奇怪的是，明明和一大群類似的簡單生物，如蛤蜊、螺或其他軟體動物的關係親近，但不知為何，只有章魚擁有巨大腦袋及獨特智力。

　　人類對章魚這種複雜生物的瞭解持續增加。科學家近期留意到，章魚睡覺時，牠們的體色與皮膚質地都會發生變化，或許是正在作夢的關係。水族飼育員講過一些有著頑皮個性的章魚事蹟：有些章魚討厭特定人物，每當那些人走過時牠們就會朝那些人噴水；有些彷彿逃脫大師胡迪尼，學會堵住池子的排水孔，藉由讓房間淹水來逃脫；有些則證明了設有兒童保護裝置的藥罐只擋得了孩童，擋不住章魚。

　　還沒有人曉得章魚是如何演化出牠們不尋常的腦力。其他軟體動物如海蛞蝓，只有幾萬個神經元，章魚則有 5 億個。這些神經元大約有一半聚集在牠們頭部像甜甜圈的環狀構造，另一半則分布在腕上，截然不同於神經元大多分布在腦內的人類與其他脊椎動物。

　　有一種理論認為章魚是經過一連串步驟才發展成如今的模樣。一開始，牠們的祖先捨棄外殼，讓章魚成為敏捷快速的掠食者。為了控制柔軟而晃動的身體，章魚發展出大型神經系統，否則牠們怎麼能同時讓八隻腕聽令呢？接著，利用這些神經系統產生複雜行為與高度智力，這是牠們存活在這個世界的必要特徵，畢竟沒有外殼的柔軟章魚在許多生物眼中都是美味食物。

　　現存約 300 種章魚，分布在海洋各處，從海邊潮池到深處的海底熱泉，牠們在不同環境玩著各種把戲。擬態章魚（*Thaumoctopus mimicus*）會模仿其他生物，藉由冒充海蛇、有毒的比目魚等許多生物，讓自己看起來具有

10　譯注：其學術上的中文專名為真蛸，但一般更常被稱為章魚、普通章魚、真章，故在此以一般常見的名稱譯出。

高度危險性。至於藍環章魚（*Hapalochlaena* spp.），不用搞模仿就真的很危險。小飛象章魚（*Grimpoteuthis* spp.）在深海拍打像耳朵一樣的鰭飛來飛去。毯子章魚（*Tremoctopus* spp.）會撕下管水母螫人的觸手當成武器。

　　早在人們開始飼養與研究章魚以前，這些生物就已廣為人知，甚至備受尊崇。在邁諾安與邁錫尼青銅時代，章魚出現於用來對海洋表示崇敬與慶祝的陶器上。被稱為拉耳那克斯（larnakes）的陶土棺材則雕繪著章魚圖案，也許是象徵死後的重生，因為章魚可斷肢再生。

　　近期，我們對待章魚的態度有長足進步。1960 年代，《章魚摔角》是美國一檔熱門電視節目，參賽者潛到海底，用力拉拽躲在藏身處的太平洋巨型章魚（*Enteroctopus dofleini*）。現今，人們則被章魚具備同理心的形象所吸引，而有大量觀眾收看相關的紀錄片，例如引人入勝的電影《我的章魚老師》（*My Octopus Teacher*，2020），記錄了一隻普通章魚在南非福爾斯灣（False Bay）的生活。

　　章魚開始被認為是一種需要細心對待與尊重的生物。2021 年，英國國會將章魚、烏賊與魷魚（即所有頭足類）放入官方的感知動物名單中，所謂感知動物是指能感受到喜悅與快樂、痛苦與沮喪的生物。頭足類、龍蝦與螃蟹是第一批被列在動物福利法案（Animal Welfare（Sentience）Bill）的無脊椎動物，人類應保護牠們免於非必要的痛苦。然而，約莫同一時期，一間西班牙公司宣布要成立世上第一間章魚養殖場，他們預計每年可產出 3 千噸的普通章魚。許多科學家與動物福利團體認為，大規模生產這些具備高度智力的複雜生物來讓人們購買是不道德的行為，在開始之前就應該被禁止。

　　人類不再只把章魚當食物看待。工程師模仿章魚靈活的觸手，打造出具有仿生觸手與吸盤的軟質機器人，可以協助精密手術或派往遙遠區域從事危險任務。地球上至少出現兩次智慧生物的演化，一次發生於包含人類在內的脊椎動物，另一次則單獨發生在章魚身上。也許，宇宙其他地方也存在著智慧生物。

大白鯊 | Great White Shark

Carcharodon carcharias

　　由史蒂芬・史匹柏（Steven Spielberg）拍攝的電影《大白鯊》（*Jaws*，1975），讓大白鯊的形象深深烙印在眾人腦中，不過並非喜聞樂見的那一面。幾十年過去，由電影裡那隻虛構的魚所帶來的恐懼仍讓人們害怕有鯊魚出沒的海域。雖然偶爾會發生人鯊悲劇，但跟其他掠食者如北美的熊、非洲的鱷魚相比，後二者奪去的人命更多，可是人們對牠們的恐懼感並不像對大白鯊那麼強烈。當科學家更加瞭解大白鯊後，發現這些頂級掠食者其實過著複雜且有所規劃的生活，不單純是一台冷血殺人機器。

　　衛星追蹤器顯示大白鯊會進行長程、有目的性的遷徙。沒有人確實知道鯊魚是如何認路的，也許是鯊魚鼻子聞到的電子訊號，讓牠們能偵測地球磁場產生的微弱電流。2003 年，科學家發現一條被命名為妮可的鯊魚從南非游到澳洲，然後再折返，打破了所有紀錄。9 個月內，妮可游了 2 萬公里，一般認為牠大概在尋找交配地與攝食場。每年冬天會有一大群大白鯊集結於夏威夷與墨西哥之間的某處，這塊區域被稱為大白鯊餐廳，牠們在此下潛數百公尺到達陽光快無法穿透的暮光區，可能是在獵捕魚群或魷魚吧。

　　為了維持長程移動，當大白鯊在過程中無法找到許多海豹或海獅作為食物時，牠們會從自身巨大的肝臟提取能量，相當於駱駝利用駝峰。鯊魚的肝臟重達 500 公斤，其中包含 400 公升的油脂，能提供大約等同 9000 條巧克力棒的熱量。

　　在能追蹤大白鯊的電子設備被發明前，除非牠們被漁夫捕獲，不然人們沒什麼機會看見大白鯊。當時比較為人熟悉的是一種被稱為「舌石」（glossopetrae, tongue stones）的三角物體，其一開始被認為跟大白鯊無關。羅馬博物學家老普林尼（Pliny the Elder）認為舌石是在月蝕時從天空落下，其他故事則說這顆石頭是由龍或蛇的舌頭變成。中世紀的人們認為舌石蘊含神奇力量，會將其當成護身符佩戴或縫在衣服的特別口袋，當時普遍相信這些神祕石頭可治療蛇類咬傷或具備解毒功能，將舌石磨成粉則可治療癲癇、發燒及口臭。丹麥解剖學家尼斯坦諾（Nicolas Steno）於 1666 年解剖一條在義大利沿海捕捉的大白鯊頭部後，他認為舌石其實是被化石化的鯊

魚牙齒，推斷這些三角形石頭是某個地質年代的鯊魚殘骸。這個發現讓他開創出研究地球古代歷史的全新格局。

　　有些巨大的牙齒化石來自已滅絕的巨齒鯊。由於巨齒鯊的牙齒是大白鯊的 3 倍，推估巨齒鯊也許可長達 16 至 18 公尺，大約是兩台倫敦雙層紅巴士的長度。古生物學家以往認為與巨齒鯊關係最接近的親戚是大白鯊，不過，現在這種滅絕的鯊魚已被列在單獨科別。

　　大白鯊是鼠鯊科（Lamnidae）的成員，其拉丁文科名源自 Lamnia，是希臘神話中一隻專吃孩童的怪物。其他現存的鼠鯊科成員包含鼠鯊、太平洋鼠鯊、長臂鯖鯊、尖吻鯖鯊，後二者被譽為海中獵豹，泳速可達時速 70 公里。他們驚人泳速的祕訣，在某種程度上與遍布皮膚的微小且具有彈性、像牙齒的細鱗（denticle）有關。工程師們認為尖吻鯖鯊身上晃動的細鱗有助於消除在鰓部及魚鰭後方出現的漩渦，減少漩渦造成的拉力，使牠們的水中移動變得更有效率。

　　泳衣設計者在鯊魚身上尋找靈感，希望能研發出幫助人類游得更快的泳衣。速比濤（Speedo）於 2000 年發布的鯊魚裝（Fsatskin）是一套從手腕包覆到腳踝，上面布滿 V 字小突起的泳衣，其設計靈感即是模仿鯊魚細鱗。這種泳衣似乎真的有效，10 位在雪梨奧運獲得獎牌的游泳選手中，就有 8 位穿著鯊魚裝。更新、更進步的泳衣被研發出來，刷新世界紀錄成為家常便飯。到了 2012 年，一位哈佛大學魚類學家測試了這些泳衣，他發現鯊魚裝未能像鯊魚細鱗那般減少漩渦拉力。事實上，這些泳衣能提升游泳表現是因為能鎖住很多氣泡，因而增加游泳選手的浮力並減少水中摩擦力。國際游泳總會已經禁止穿著包覆全身、模仿鯊魚的科技泳衣參加比賽。

鯽魚 | Remora[11]
Echeneidae

　　西元前 31 年，羅馬將軍安東尼（Mark Antony）以及埃及豔后克麗奧佩脫拉（Queen of Egypt, Cleopatra）輸掉了希臘沿海的關鍵海戰，導致羅馬共和國的結束並開啟羅馬帝國新篇章，戰役的勝利者後來被稱為奧古斯都皇帝（Emperor Augustus），成為羅馬唯一的統治者。羅馬作家老普林尼（Pliny the Elder）將安東尼與埃及豔后的失敗歸咎於一種魚類，認為艦隊船隻是被大量鯽魚附著而無法航行。鯽魚因此又名「停船魚」（the ship holder）。

　　有關這種身長 30 公分的魚類會吸附船體導致船速變慢的說法，一直到中世紀都還很流行。這類航海搗蛋鬼在海中總共有 8 種。鯽魚確實有時會吸附船隻，不過牠們更喜歡附著在海豚、海龜、鯨魚、鯊魚以及其他大型魚類身上，一位海底攝影師就在 2020 年拍下一張游動的鯨鯊嘴中附著了 20 條鯽魚的照片。雖然鯽魚無法把船隻拖在原地，但的確會增加水中阻力。被鯽魚吸附的海豚常跳出海面，或許就是為了擺脫身上的偷渡客。

　　鯽魚的模樣看起來像是被人穿著雨鞋踩了一腳。牠們位於頭頂的吸盤呈橢圓形，突起於頭部，是幼魚時期從特化的背鰭演變而來。吸盤讓牠們可以黏附在大魚身上而不用自己游動，十分節省體力。當所吸附的魚游得夠快時，鯽魚甚至無須主動呼吸，牠們只要張開嘴巴讓水流過魚鰓即可。

　　漁民把鯽魚當成生物魚鉤的歷史久遠。哥倫布（Christopher Columbus）第二次遠航至加勒比海時，就看到漁夫把線綁在西班牙文稱 *reversu*、長相類似鰻魚的魚隻尾鰭上，漁夫會在綁好之後讓牠游離，等牠吸附在海龜殼上，再把牠們一起拉回。類似做法也流傳於 19 世紀的贊比亞、南非與馬達加斯加。

　　其他沒有吸盤的魚會聚集在鯊魚周遭，黑帶鰺尤其喜歡跟著長鰭真鯊（oceanic whitetip shark），常游在鯊魚前方出現的弓形波（bow wave）

11　譯注：原書此處標示兩個俗名 Remora/ Shark Sucker。Remora 是鯽魚的英文俗名也是屬名，拉丁文意為「延遲、耽擱」，反映中世紀時人們認為鯽魚會拖慢船速的觀點。Shark Sucker 顧名思義為「吸附在鯊魚身上的魚」，也反映了一般人對鯽魚的印象。

中。牠們又被稱為領航魚（pilotfish），古人認為牠們會引導鯊魚找到食物或引領船隻航行。

在 2021 年的一項研究中，科學家蒐集潛水員上傳至 YouTube 的水下影片，發現有數十起案例是魚隻游向包含大白鯊等鯊魚，並摩擦牠們的皮膚。這些魚隻看到大型掠食者，非但不逃離反而靠近，似乎是高風險行為，但若著眼於摩擦鯊魚皮膚來擺脫舊皮黏液與寄生蟲，牠們靠近鯊魚的行為又變得很合理，尤其是在遠洋找不到裂唇魚代勞時。

僧帽水母 | Portuguese Man o' War

Physalia physalis

　　如果看到一顆粉紅色氣球在海面上上下下，或者被沖刷上岸，你大概遇上了僧帽水母。僧帽水母雖然看起來像水母，但並非水母，牠屬於跟水母關係很密切的親戚——管水母（siphonophore）。海裡充滿了幾百種管水母，不過大部分都待在水面下，只有僧帽水母會在海面露出一顆氣囊，藉此構造乘風橫越各大洋。有人覺得這顆氣囊長得很像 18 世紀的戰船（man-o'-war frigate），這成為僧帽水母的英文俗名 portuguese man-o'-war 的由來。有時，這些「戰船」會航行到海岸線，地方權責機關會封閉海灘，以免泳客遭螫傷。

　　管水母的身體組成非常特別，不同於一般的動物。牠們是由許多成員組成的群落，這些成員被稱為個蟲（zooid），每個成員扮演不同角色：有的負責捕食，有的負責產出精子與卵子，有的負責規律收縮鐘型部位（泳鐘體）來移動整個群落。

　　管水母極為脆弱的膠質身體，讓研究工作變得難以進行，因為網子一撈，牠們就在裡面四散得不成原形。不過，藉由運用深海機器人，生物學家發現越來越多的管水母，同時開始瞭解牠們對維持海洋生態有多重要。管水母的形狀各式各樣，有的非常巨大。在西澳大利亞州沿岸拍攝到目前最大的管水母，其長達 30 公尺，並且盤繞成巨大的螺旋狀。

　　管水母是對抗氣候變遷的無名英雄。不少生物每天進行大量移動，晚上浮到水面覓食，日出便又下沉，管水母就是這類生物的一分子，每年將數十億噸的碳運送到海洋深處，隔絕於大氣數千年。不過，僧帽水母無法居功，因為牠們只會浮在水面。

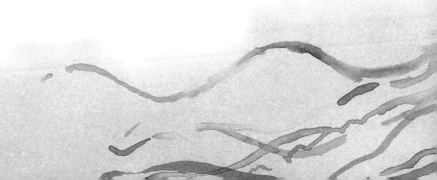

印度洋
鱗角腹足海螺 | Scaly-Foot Snail
Chrysomallon squamiferum

　　很多生物擁有獨特的生活方式，鱗角腹足海螺（以下簡稱鱗足螺）是其中一員，他們棲息在深海的海底熱泉噴口。腹足包覆著鱗片，閃閃發亮的外殼由鐵構成，這兩個特徵讓他們顯得與眾不同。螺類的腹足向來是軟趴趴的，長著鱗片的腹足可以説是絕無僅有，而且也沒有另一種生物具有一身鐵質盔甲，鱗足螺打造這身裝備的方式或許值得人類參考。

　　海底熱泉噴口又叫「黑煙囪」（black smoker），是地球的一種極端環境，在距離水面數哩、水壓極大的深處，灼熱且有毒的液體會從噴口湧出。當這些神奇的海螺於 2001 年首次被發現時，深海生物學者認為腹足鱗片與鐵殼也許可以保護他們免受不友善環境的傷害，不過真相是，這些裝備其實是他們處理體內威脅後所留下的。

　　鱗足螺的食物來自細菌的群落，這些細菌生存在鱗足螺喉嚨內的一個特殊袋狀構造裡，並且利用黑色煙囪噴發的化學物質來獲取養分。歸功於這些細菌，生命才得以在黑煙囪這種完全漆黑、日光絲毫無法穿透的環境蓬勃發展。細菌跟海螺及其他很多海底熱泉生物之間屬於共生關係，也就是細菌有安全的地方可以存活，持續獲得所需化學物質，海螺則可以藉著生存在體內的細菌獲得他們需要的所有食物。

　　然而，這段共生關係存在一個問題。細菌所利用的化學物質包含硫化氫，在轉換為海螺食物的過程中也會釋放出硫，偏偏硫對海螺而言具有毒性。為了要排出硫，鱗足螺演化出了鱗片，由數以千計的小管道構成，其運作就像排氣管。硫沿著這些管道排至鱗片表面時，又與海水中的鐵產生反應，形成許多鐵化合物微粒，其中包含二硫化鐵，即愚人金。這就是鱗足螺如何獲得一身閃亮盔甲，以及如何在體內產出硫細菌的情況下存活的祕訣。

　　破解鱗足螺的祕密也為製造業提供了美好前景。鐵微粒在工業上有許多用處，包含製作太陽能板、充電電池等，但目前製造鐵微粒的方法是透過昂貴的高溫製程，鱗足螺揭示了低溫製造鐵微粒的可行性，他們大多在海底熱泉噴口附近約 15℃ 的地方閒晃。更有甚者，他們不用活著也能製造鐵微

粒，鱗片與細微管道能主動完成製造鐵微粒的過程。工程師可以借鏡並打造
出人類版本的低溫製鐵方式，也許能激發更有效率的新一代工業生產技術。
放心，我們不用真的養殖許多鱗足螺，逼牠們上流水線工作。

裂唇魚（又名飄飄、魚醫生）

Bluestreak Cleaner Wrasse

Labroides dimidiatus

如果你曾打算相信魚隻只有 7 秒記憶，或是魚隻不會感覺痛苦及喜悅的說法，想想裂唇魚吧！在熱帶珊瑚礁的裂唇魚地盤內，天天上演著熱鬧景象，其他魚隻會特意游來並耐心等候裂唇魚幫牠們啃掉皮膚上的吸血寄生蟲。一隻裂唇魚每天有幾百個顧客要招呼，而且牠認得每位顧客，每次服務都是量身打造。這讓牠們生意興隆，也是牠們能保命的關鍵。

清潔站裡每條魚都遵循嚴格的禮儀規範，上演一套複雜的特定動作。裂唇魚會先來一段獨舞或雙人舞，牠們有節奏感地擺動尾鰭向顧客說明一切，然後開始為顧客清理，顧客則彷彿進入催眠狀態，在原地維持相同姿勢，一動也不動。許多顧客是掠食者，一旦清潔工作完成，牠們可以輕易地把只有雪茄大小的裂唇魚拿來塞牙縫，但牠們謹守停戰規則，沒有任何魚被吃掉。裂唇魚勇敢地游進鱘魚、石斑魚以及其他尖牙掠食者的血盆大口，彷彿一位將頭部放進獅子口中的馴獸師，而且是整個身體爬進去。對於兇惡的顧客，裂唇魚會使出渾身解數，提供牠們最好的服務，尤其是好一陣子未進食的掠食者，裂唇魚能神奇地感知出來。當感覺到顧客很危險或很餓時，裂唇魚只會替牠們叼去身上的寄生蟲、去除死皮，不會進行其他服務。

然而，臭肚魚、刺尾鯛等草食魚種所獲得的服務並非總是那麼的完善。裂唇魚偶爾會欺騙這些顧客，看似幫忙清潔，卻順便偷咬一口完好的皮膚，藉此獲取覆蓋魚皮的黏液。黏液可以減少熱帶海域充足陽光造成的紫外線傷害，魚隻無法靠自己製造防曬乳，但牠們可以從食物中獲得，所以裂唇魚有時會狠狠地咬顧客一口。不過，牠們總會在之後摩擦、撫摸顧客，提供顧客全套的魚鰭按摩作為補償。顧客們顯然都很享受這種接觸，牠們的眼睛會向上看，似乎陷入了一種幸福的恍惚狀態。科學家測量魚隻血液中的壓力荷爾蒙，發現在一頓周到的摩擦後，魚隻壓力賀爾蒙會下降。也許一隻魚之所以不斷回到清潔站，有時一天可達數百次，並不是因為身上長著寄生蟲，而是喜歡被摩擦的感覺。

裂唇魚也曉得哪些魚雖然擁有小小的領域，但領域中並沒有其他的清潔站。這些顧客在被狠咬一口時或許會氣沖沖地游走，不過裂唇魚知道這些顧客別無選擇，最後還是會回來。

　　以上顯示裂唇魚擁有長期記憶力，以及感知其他魚隻意圖的驚人能力，裂唇魚甚至展現出具備高度認知能力的跡象──牠們也許能認知自我。2019 年，科學家在德國發表一篇研究，他們把 10 隻裂唇魚分別養在魚缸，魚缸外擺放一面鏡子。起初，魚隻會衝向牠們自己的倒影，將倒影誤認為入侵者。一天後，牠們平復下來，開始打量鏡中的自己。接著，科學家用有色凝膠在每隻魚的頭部點上斑點，10 隻中有 9 隻魚會盯著鏡中影像，似乎是發現了自己的外觀出現變化。有些魚隻會往缸壁摩擦頭部，彷彿是想弄掉那顆有色斑點。當頭上的是透明斑點時，牠們並不會做出上述行為。

　　這個研究引發爭議，並非每個人都同意該實驗結果代表裂唇魚能認知自我，即使其他能通過類似的鏡子測試是海豚、黑猩猩、鴉科及大象這些聰明傢伙。看來魚類若想證明自己不像多數人認為的那麼笨，牠們還要多加把勁。

印度洋

腔棘魚 | West Indian Ocean Coelacanth

Latimeria chalumnae

在不到一個世紀之前，科學家都以為腔棘魚老早滅絕了，那些可追溯至 4 億年前泥盆紀、深埋在岩石裡的化石是牠們曾經存在的唯一證據。超過 100 種的腔棘魚曾悠遊在古代海洋，不過，牠們的蹤影在白堊紀結束時也隨之消失。從未有人發現比 6600 萬年更靠近現代的腔棘魚化石，看起來這個特殊的魚類分支似乎沒能在使恐龍消失的生物大滅絕中倖存。直到 1938 年，一位漁夫在南非沿海的發現改變了一切。

當底拖船船長古森（Hendrik Goosen）拉起網子，他看到一條前所未見的魚隻，其身長 2 公尺，體色為寶藍色，尾鰭不尋常地分成三瓣，每個魚鰭基柄處是特殊的肉質鰭。古森船長把這隻怪魚放到一旁，準備給當地博物館館長寇特尼拉蒂瑪（Marjorie Courtenay-Latimer）瞧瞧，她常在漁網裡找尋有趣生物。這隻魚確實非常獨特，寇特尼拉蒂瑪在圖鑑上完全找不到相關資訊。不久後，羅德斯大學（Rhodes University）的魚類生物學家史密斯教授（J.L.B. Smith）前來看這條已經被填充的標本，並立即確認這就是腔棘魚。對魚類學界來說，這就像目擊一隻剛死去的迅猛龍，史密斯教授將這條魚的新屬名命名為 *Latimeria*，以表彰寇特尼拉蒂瑪的貢獻。

除了這種魚本來被認為已滅絕之外，還有另一個原因讓這項發現顯得如此石破天驚，也就是科學家懷疑這些有著肉質鰭的祖先可能就是第一批離開海洋、爬上陸地的四足脊椎動物的起源，後續才逐漸演化出爬蟲類、兩生類、鳥類與哺乳類。不過，近期的基因研究顯示腔棘魚的親戚——肺魚，可能才更接近那批爬上岸的古代魚。

自從在南非發現第一條腔棘魚後，葛摩群島（Comoros islands）、肯亞、坦尚尼亞、莫三比克、馬達加斯加沿海也都發現牠們的蹤跡。牠們棲息在水深數百公尺的暮光區，多半藏身在礁石洞穴裡，待夜晚出來獵捕魚類與魷魚。棲息於深海、害羞的生活方式可能是為何腔棘魚能隱藏那麼久，不被西方科學世界發現的原因。1997 年，海洋生物學家艾德曼（Mark Erdmann）在印尼魚市場發現了第二種腔棘魚——蘇拉威西腔棘魚（*L. menadoensis*）。

腔棘魚被冠上「活化石」的名號，因為數百萬年來牠們的樣貌似乎沒有太大變化，但這個稱號其實不太符合實情。事實上，腔棘魚並非處於演化停滯的狀態，牠們在基因層次發生了許多的變化。在過去超過 1000 萬年的歲月中，透過可以跨物種轉移的自私基因（selfish gene）[12]，腔棘魚至少獲得了 60 種新基因。

　　即使如此，「腔棘魚是古代倖存者」的想法已經牢牢烙印在人們腦中，有些人甚至因此認為吃腔棘魚能延年益壽。所幸腔棘魚既不好聞也不好吃，而且會造成強烈腹瀉，所以從未成為商業撈捕的目標。不過，腔棘魚會意外被捕鯊網撈起，這也是為何西印度洋腔棘魚現在被認為嚴重瀕危。

　　腔棘魚擁有很多不尋常的生物特性，造成牠們面臨嚴重危機。腔棘魚似乎天生數量就很少，目前僅幾百隻存活。母魚懷孕時間是破紀錄的 5 年，然後會直接產出幼魚。科學家最近發現腔棘魚直到 40 歲才成熟，壽命可長達近一世紀。也許腔棘魚不是活化石，但牠們確實可以活很久，前提是不被撈捕的話。

12　譯注：此處指的是轉位子（transposon），是一種會跳躍的基因，可插入另一 DNA
　　片段，導致基因重組。

印度洋
鬼蝠魟 [13] | Giant Oceanic Manta Ray
Mobula birostris

　　遇見鬼蝠魟是絕妙體驗。牠們展開三角形「翅膀」時可達 7 公尺寬，重達 3 噸。雖然體型龐大，但鬼蝠魟完全不具攻擊性，不會傷你分毫，除非你的皮膚被粗糙的魚皮從錯誤方向摩擦，那麼可能會出現擦傷（不過這根本不該發生，因為你不應靠牠們太近）。鬼蝠魟是溫和的濾食者，只有微小的浮游生物才該害怕牠們。牠們在水中游動姿態極為優雅，總是意味深長地看著事物，彷彿正在思考什麼。

　　鬼蝠魟的腦袋占身體的比例比任何魚都高。這麼巨大的腦部對鬼蝠魟有何作用？近期，以圈養的鬼蝠魟為實驗對象的研究提供了思考方向。在巴哈馬的一間水族館，科學家將一片大鏡子放入飼養兩隻鬼蝠魟的池子，這對鬼蝠魟對鏡中倒影表現出濃厚興趣，在鏡子前面打轉、吐氣泡（鬼蝠魟無法吸氣，自然也無法吐氣，不過氣泡可進入嘴中，停駐在鰓上，再藉魚鰓釋出氣泡），科學家認為牠們的舉動可能是在確認。我們也會對著遠方鏡子裡的倒影揮手來確認那是不是自己，對吧？並非所有人都認同，但也許鬼蝠魟知道牠們在鏡中看見的影像是自己。裂唇魚也有類似表現，牠們會特別注意鏡子中被額外加在頭上的色塊，不過在鬼蝠魟的實驗中，牠們並未被點上色塊。

　　野外的蝠魟很可能會在水面看到自己的倒影，特別是在下潛後的上升過程中。珊瑚礁鬼蝠魟（*Mobula alfredi*）曾被記錄下潛至 700 公尺深，直接進入低溫海水層。就像大部分的魚，牠們的體溫會隨環境而改變，對一隻鬼蝠魟而言，最適合的溫度是熱帶的 20 ～ 26℃，為了確保腦袋不會在深潛過程中凍壞，鬼蝠魟生有密集的血管束，可發揮逆流熱交換器的作用，如此一來，就解決了一般血液經過魚鰓後會因溫度散失到水中而變冷的情況，鬼蝠魟不會讓血液直接以低溫回流，而是讓血液經由逆流熱交換器機制，重新加溫後才流向重要器官。也就是說，鬼蝠魟有著內建的腦袋加溫器。

13　譯注：其中文專名為雙吻前口蝠鱝，此處則以在台灣較為人所知的中文俗名「鬼蝠魟」譯出。

鬼蝠魟的嘴巴裡藏著另一項巧妙機關，可讓魚鰓不會因濾食而阻塞。牠們張著嘴巴游動，隨游動不斷進食，但牠們不會咳嗽，也沒有舌頭能清除卡在鰓部的東西。相對地，牠們的鰓演化成被梳子狀的微小細齒所完全覆蓋，其形狀能精確地攪動，製造漩渦，把食物碎屑帶往喉嚨，同時讓魚鰓保持乾淨。鬼蝠魟具自清功能的鰓部給予工程師靈感，仿照前述構造，打造出汙水處理廠可用來分離細微塑膠的裝置。

可惜的是，鬼蝠魟鰓部的另一個用途出現了。大約 10 年前，傳統中藥商開始兜售鬼蝠魟的鰓，宣稱能治療從青春痘到水痘等大小病症。這些藥方似乎是商人捏造的，因為傳統中藥裡根本沒有蝠魟這一味，也許是鯊魚被過度撈捕，魚翅變得比較不易取得，所以拿鬼蝠魟的鰓來替代。現在，每年有上萬隻鬼蝠魟以及其他蝠魟親戚因為鰓而被捕殺，地點包括越南、斯里蘭卡、印度與印尼。許多地方現在已經開始嚴格保護蝠魟，保育團體則從降低需求的角度切入，他們向消費者宣導魚鰓受有毒物質汙染，濃度已達危險程度，這些有毒物質包含砷與鎘，會隨鬼蝠魟在海中游動而逐漸累積在鰓部。

印度洋
巨硨磲蛤 │ Giant Clam
Tridacna gigas

　　傳說裡會吃人的大型蛤蜊就是巨硨磲蛤。不過，目前不曾找到人類被巨硨磲蛤捉住或因這種大型雙殼動物而溺斃的可靠紀錄。傳說的不可信之處有二。首先，巨硨磲蛤有幾百顆小眼睛，分布在柔軟的套膜（mantle）上，套膜是色彩繽紛的組織，位於殼的內部，小眼睛可窺視在殼的開口之外的事物。牠們的視力並不好，只能察覺明暗。若是忽然被影子籠罩，例如潛水員靠近時，牠們會立刻將殼闔起，速度快得讓人根本來不及觸及，遑論被夾住了。其次，巨硨磲蛤並非設好陷阱等候獵物上門的掠食者，牠們是濾食型動物，過濾水中碎屑為食。巨硨磲蛤也透過共生藻獲取養分，這些位於牠們組織內的微小藻類又稱蟲黃藻（zooxanthellae），與巨硨磲蛤為共生關係。巨硨磲蛤閃閃發亮的色彩來自套膜中的特殊細胞，稱為「虹彩細胞」（iridocytes），可將陽光反射到共生藻上，助其生長。

　　人類與巨硨磲蛤的真正關係跟吃人蛤蜊的傳說剛好相反，是人類食用巨硨磲蛤的歷史已有千年之久。其中一個特殊物種——鱗硨磲蛤（*Tridacna costata*）[14]，目前在原生棲地紅海的數量已經非常稀少；但在古代，牠們不僅為數眾多，而且比現在的體型更大，重量甚至可比當前個體還重上 20 倍！鱗硨磲蛤的縮小與減少發生在超過 10 萬年前，剛好跟早期人類從非洲往外遷徙的時間相符。我們曉得遠古人類是海鮮愛好者，從他們所到之處都可發現開殼工具的現象即可見一斑。「先挑最大、最肥美的」，大概是人類一路傳下來的習慣。

　　有些人至今喜歡磲磲蛤的滋味，不過，牠們目前已經受到廣泛保護。人們喜歡食用的部位是磲磲蛤用來拉住外殼的肌肉，但也有人是為了殼而獵捕磲磲蛤。巨硨磲蛤（*T. gigas*）是世界上最大雙殼動物，殼的直徑可超過 1 公尺，磲磲蛤屬另外包含 12 個較小物種。以前，教會常拿磲磲蛤的殼當作教堂的洗禮池；現在，新的威脅是繼象牙貿易後興起的磲磲蛤殼非法貿易。

14　譯注：*Tridacna costata* 是在 2008 年被視為新種而命名，但 2011 年已證實其與百餘年前所發現的 *Tridacna squamosina* 相同。目前將 *T. costata* 視為 *T. squamosina* 的同種異名，因而此處直接使用 *T. squamosina* 的中文專名「鱗硨磲蛤」譯出。

隨著象牙國際貿易遭到限制，商人尋求可替代的貿易標的，他們的眼光紛紛投向硨磲蛤殼，中國海南島的工匠會將半透明的硨磲蛤殼雕刻成閃閃發亮的圓珠與各種精美飾品。近年來，海關已破獲數十起非法走私硨磲蛤殼的案件，市值高達數百萬美元。最大的一起是 2019 年在菲律賓破獲的案件，當時沒收了 12 萬噸的殼。保育人士非常憂心硨磲蛤殼貿易對該物種的衝擊，以及採集行為對牠們的珊瑚礁棲息地造成的破壞。

印度洋（與世界各地）

鼬鯊 | Tiger Shark

Galeocerdo cuvier

　　鼬鯊屬於海中最大的那群頂級掠食者，體型與大白鯊相若，體長一般可至 5 公尺長，其英文俗名虎鯊（tiger shark）則是取自牠們還是幼鯊時身上非常顯眼的條紋。鼬鯊棲息於溫帶與熱帶沿海，對所處環境具有非常大的影響力，許多動物都害怕鼬鯊，而牠們也確實應該感到害怕。鼬鯊食性極廣，各種生物都會被牠們當成獵物攻擊，對象從海豚、儒艮到一般魚隻、海蛇，甚至是烏龜。

　　西澳大利亞州的鯊魚灣（Shark Bay）擁有世上最大海草床，這個海灣同時也是數以千計的草食動物——儒艮——的棲息地，大量鼬鯊在此獵食儒艮。當鼬鯊在附近時，儒艮的行為會顯得小心翼翼，低頭的時間變短，不再深咬海草根部並將整株海草拔起。相反地，牠們變成只啃海草尖端，這樣牠們才能一邊進食一邊觀察有無鯊魚。藉由讓儒艮保持警戒而改變進食習慣，鼬鯊可說是維護整個海草生態健全的關鍵。

　　如果沒有鼬鯊，氣候變遷下的海草可能難以生存。2011 年，嚴重熱浪侵襲鯊魚灣，摧毀區域內 1/4 的海草。儒艮為了尋找其他食物而暫時離開鯊魚灣，科學家藉機研究沒有鼬鯊的環境將如何變化？潛水員下水，假裝自己是儒艮，用鏟子挖起海草，模仿儒艮在沒有鯊魚環繞周遭時的行為。科學家發現海草床因為受到潛水員仿照儒艮進食的影響，恢復的狀況很糟。除了前述影響外，鼬鯊對生態可能有許多太過細微而不易觀察的作用，但牠們對於維護海洋健康或許有著廣泛助益。

　　流傳在太平洋各地的玻里尼西亞文化，習慣將鼬鯊嚇人的牙齒加以利用，在匕首、劍與矛都裝有非常鋒利的鼬鯊牙齒。製作方法是先在每顆牙齒上鑽孔，再用線綁在木頭底座，這些線有時是混著人類頭髮所製成。在夏威夷，鼬鯊牙齒被手工製成槳狀武器，能將敵人開腸剖肚。這類傳統武器使用的牙齒可能來自很多種不同鯊魚，不過，鼬鯊牙齒是最受歡迎的選擇，因為它獨特的雙面鋸齒以及指向側邊的尖端，非常適合拿來揮砍肉和骨頭。形狀獨特的牙齒讓鼬鯊可以獵捕各種生物，甚至能咬穿海龜的殼。

牙齒是大部分古代鯊魚唯一能留下的東西，歷史上曾出現的至少 6 種已滅絕鼬鯊（目前鼬鯊屬成員就只剩下 1 種）也不例外。鯊魚的骨骼並非硬骨，而是由軟骨構成，所以不容易變成化石保存，最近在美國馬里蘭州出土的鯊魚脊椎化石是極為罕見的例子。該地化石揭露了一場古代鯊魚對鯊魚的戰鬥，這些化石可追溯至 2300 萬到 250 萬年間，當時巨齒鯊（*Otodus megalodon*）還悠遊於海洋。這些脊椎骨上面布滿其他鯊魚的咬痕，當中一塊可能來自古代鼬鯊。有些脊椎骨甚至還有鯊魚的牙齒化石卡在上面，其中之一顯示了癒合痕跡，代表那次戰鬥尚非致命。

　　現今海洋裡的鯊魚互食並不罕見，甚至在他們出生前就已開始進行。錐齒鯊（*Carcharias taurus*）是鼬鯊遠親，其母鯊會跟多隻公鯊交配，讓數十個胚胎在肉叉形狀的子宮內生長。胚胎在母鯊體內孵化，待成長至手指長度時，這些幼體開始互相攻擊與互食，直到剩下兩隻為止。這兩隻幼體會繼續在母體內生長，吃母鯊體內的未受精卵。等他們離開母體時大約為一公尺長，已大得足以躲避其他掠食者，前述策略讓他們立於絕佳起點。

印度洋（與世界各地）

翻車魚 | Ocean Sunfish
Mola mola

　　翻車魚要是想活得正如其學名 *Mola mola*（源自拉丁文中的「石磨」），那恐怕是難上加難，因為石磨放到水裡就是會下沉，但翻車魚的習性剛好相反。這些體型巨大而且扁圓的灰色魚隻看起來也許真的像石磨，但牠們喜歡漂浮在海面。海洋生物學家以前認為牠們這樣做是為了節省體力，等待水母漂過身邊時直接大快朵頤，也有可能翻車魚躺在水面上是為了讓海鳥停靠，幫忙清除牠們表皮的寄生蟲。藉助功能類似智慧手錶的電子標籤，東京大學的科學家不久前發現翻車魚會進行長程覓食，下潛至又深又冷的地方，然後返回水表，曬曬陽光來讓自己回溫。曬太陽的行為就是翻車魚英文俗名「太陽魚」（ocean sunfish）的由來。其他語言則常以月亮魚稱之，例如法文的 *poisson lune*。

　　翻車魚的生長變化確實跟月亮的圓滿虧缺有得比，兩者的變動幅度都很大。牠們剛出生時是以刺針狀球體的狀態跟浮游生物一起漂流，這也暗示翻車魚跟河豚的關係密切。很快地，翻車魚仔魚的刺會消失，以充氣般的速度變大及增重，一天能增加 1 公斤。牠們的成體直徑可超過 3 公尺，重達 2 噸，無疑是世上最重的真骨魚、硬骨魚（鯊魚和魟魚都是軟骨魚）。

　　翻車魚奇特的構造是慢慢演化出來的。牠們祖先的尾鰭慢慢消失，取而代之的是一個扇狀的假尾鰭，或稱舵鰭（clavus），具備船舵的功能。牠們用延伸的背鰭與臀鰭游動，透過搖擺身軀來產生動力，其動作更接近海龜划水，不似一般魚類。

　　除了翻車魚（*M. mola*）外，還有至少另外 3 種翻車魚。最新發現的翻車魚被稱為隱匿翻車魚（*M. tecta*, the hoodwinker sunfish），因為長期在海中隱匿行蹤，不被人類發現而得名。妮嘉德（Marianne Nyegaard）博士在研究時意外瞥見她所取得的翻車魚魚皮樣本的基因序列不符合任何已知物種。2014 年，在找尋這一神祕魚種 4 年後，4 隻隱匿翻車魚被一起沖上了紐西蘭的海灘。

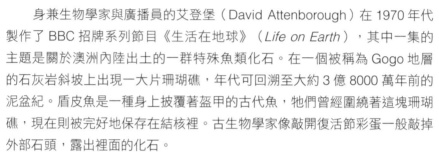

印度洋

艾登堡魚母 | Attenborough's Placoderm

Materpiscis attenboroughi

　　身兼生物學家與廣播員的艾登堡（David Attenborough）在 1970 年代製作了 BBC 招牌系列節目《生活在地球》（*Life on Earth*），其中一集的主題是關於澳洲內陸出土的一群特殊魚類化石。在一個被稱為 Gogo 地層的石灰岩斜坡上出現一大片珊瑚礁，年代可回溯至大約 3 億 8000 萬年前的泥盆紀。盾皮魚是一種身上披覆著盔甲的古代魚，牠們曾經圍繞著這塊珊瑚礁，現在則被完好地保存在結核裡。古生物學家像敲開復活節彩蛋一般敲掉外部石頭，露出裡面的化石。

　　這些化石中有一隻魚出現在另一隻魚體內。一開始，人們以為那是一隻魚被保存在掠食者的肚子裡，是掠食者的最後一餐，但經過進一步的檢查才發現，那是一個未出生的魚隻胚胎，仍以臍帶跟母魚相連。古生物學家以 *Materpiscis attenboroughi* 為這種魚命名，屬名 *Materpiscis* 為拉丁文中「母親魚」的意思，種小名則用來感謝艾登堡這位製作人對 Gogo 地層化石的興趣。艾登堡後來表示，在曉得這隻特別的魚竟然以他為名時，還真是大吃一驚。這是目前已知最古老的體內受精案例，也證明了古代生物是靠在一起，經由接觸交配。

　　這位替艾登堡魚母命名的古生物學家也注意到了其他盾皮魚化石中出現的 L 型骨骼，他的結論是，那就相當於公鯊魚的交接器，在交配時用來傳遞精子給母魚。他因而發現了世上已知最古老的生殖器化石。

　　這些發現不僅告訴我們地球動物行體內受精的歷史源遠流長，也揭示了從古至今，動物的交配策略具有高適應性。現存多數魚種都屬於停止體內受精的演化支，回到更原始的產卵方式。

　　盾皮魚已從世上消失，但牠們曾是泥盆紀海洋中毫無爭議的魚類霸主。盾皮魚有的很小，有的像現今魟魚那般扁平，也有的十分巨大。胴殼魚屬（*Dunkleosteus*）身長 6 公尺，碩大的頭部披覆骨甲，嚇人的上下顎彷彿自行打磨銳利的大型園藝剪。在那個年代，1 公尺長的鯊魚不過是胴殼魚的小點心。一般認為胴殼魚的唯一敵人就是另一隻胴殼魚。人們在化石中發現了被咬穿大洞的盾皮魚骨甲——這是巨型生物歷經史詩級戰鬥後的餘留物。

印度洋

鸚鵡螺 | Chambered Nautilus

Nautilus pompilius

　　鸚鵡螺的殼無論內外都很漂亮。紅棕色虎紋具偽裝功能，可讓輪廓變得較不顯眼，使掠食者難以在遠方察覺牠們。如果把鸚鵡螺的殼對切成左右兩半，呈現在眼前的是精巧的螺旋。此種「對數螺旋」很常出現在自然界，從蜘蛛網到星系的旋臂皆屬之。對數螺旋所根據的基本數學規則，即是在旋轉過程中不斷以相同程度增加。一隻鸚鵡螺會在長大的過程中持續對其外殼添加碳酸鈣，並在後方新氣室封閉前，讓自己的身體緩緩地往前移動，這就是牠們讓殼呈現對數螺旋的方式。

　　現存六種鸚鵡螺，牠們跟魷魚、章魚、船蛸、烏賊等都屬於頭足綱，但鸚鵡螺與這些親戚的不同之處在於，牠們是唯一永遠生活在殼中的頭足類。牠們讓殼的內部覆蓋一層閃閃發亮的珍珠質地，或稱珍珠母，這是鸚鵡螺另一個英文俗名珍珠鸚鵡螺（pearly nautilus）的由來。這些閃亮的螺旋外殼在維多利亞時代的收藏家間廣受歡迎，常出現於歐洲各地的藏珍閣中。它們被當作茶杯，上面刻蝕著精緻花紋，以黃金杯腳托承。

　　世界各地的岩石裡都有大量的螺旋化石，看起來很像鸚鵡螺，不過，這些殼其實屬於牠們的遠古親戚──菊石。菊石曾經悠遊於侏羅紀及白堊紀海洋中，數量豐富、種類眾多，其化石遺骸透露了許多古代海洋的資訊。

　　菊石的體型大小懸殊，小若銅板，大如怪獸卡車的輪胎。已知最大的菊石化石 *Parapuzosia seppenradensis* 出土於德國，若化石完整無缺，其直徑可能至少有 3 公尺。有些菊石沒有光滑的螺旋外殼，牠們長得奇形怪狀。太陽角菊石（*Helioceras*）看起來像長刺的開瓶器，呈螺旋狀向上或向下旋轉。日本菊石（*Nipponites*）的殼彷彿吸塵器軟管糾纏在一起。雙角菊石（*Diplomoceras*）的形狀則像是巨型迴紋針。

　　人類在千年以前就發現了菊石化石，並賦予它們各種神祕意涵。歐洲人稱它們為蛇石，還會在末端幫它們刻上消失的蛇頭。一則在西元 7 世紀流傳於英格蘭北部的傳說，講述了聖希爾達（St Hilda）如何在惠特比

（Whitby）建立一座修道院，首先便是要清除該區的蛇類，於是她把蛇變成石頭並丟下懸崖。在其他故事裡，則有一些精靈被變成蛇，而後又被石化成蛇石。部分蘇格蘭地區的人們把菊石化石放在牛的飲水中，企圖藉此治療牲畜抽筋，因此又稱菊石化石為「抽筋石」（crampstone）。古羅馬人相信若他們把黃金菊石（一種被愚人金包覆的菊石化石）放在枕頭下睡覺，他們將能獲得看見未來的能力。西瑪拉雅山出土的黑菊石被稱為沙利格拉姆（shaligram），是印度教中毘濕奴神的化身，非常神聖。

　　菊石的英文名 ammonite 取自埃及的神──阿蒙（Amun），再經古希臘文轉換為 Ammon。阿蒙神被描繪成頭上有兩支螺旋公羊角的模樣，羅馬哲學與博物學家老普林尼（Pliny the Elder）是第一個寫下古埃及神頭頂物件與螺旋化石兩者關連的人。

　　讓古生物學家一直感到疑惑的是，為什麼鸚鵡螺能存活至今，但卻從沒有人發現活的菊石？就目前所知，最後一隻菊石已在 6600 萬年前死亡，大約跟恐龍同一時期消失。那時，一顆巨大隕石撞擊地球，而且大規模的火山爆發，噴出大量的硫與二氧化碳氣體，造成海水酸化。其中一個理論是菊石的幼體活在淺海且非常小，牠們的殼可能無法抵擋下降的酸鹼值而遭受侵蝕；與此同時，鸚鵡螺卻得以倖存於世，這都要歸功於牠們更大、更強壯的幼體，以及跟現今的鸚鵡螺一樣棲息在深海的習性。

　　存活下來的鸚鵡螺支系現在正面對更大的挑戰。牠們漂亮的外殼因為能被製成首飾和裝飾品而廣受喜愛，只是現在人們不再滿足於蒐集被沖上岸的空殼，而是使用誘餌陷阱捕捉深海中活的鸚鵡螺。歷經多次生物大滅絕的鸚鵡螺如今又要經歷一場浩劫，然而這次卻是由人類所造成。

皇帶魚 | Giant Oarfish

Regalecus glesne

　　皇帶魚是世界上最長的魚類，從魚吻到尾鰭末端可達 8 公尺，是非常神祕的物種，也鮮有活體被目擊。由於這種如蛇般蜿蜒的魚多半在暴風雨後才被沖刷上岸，人們相信這必然意味著牠們在傳達某些訊息。在日本的傳說中，海灘上躺著一條皇帶魚是災難即將降臨的警告，之後多半會發生地震。近期，學者測試了這個說法，他們蒐集皇帶魚以及其他深海魚的擱淺紀錄，並核對重大地震時間。擱淺紀錄有數百則，時間可一路回溯至 1920 年代，其中只有一次的強震震央出現在皇帶魚擱淺不到 30 天的 100 公里內。此外，也沒有跡象顯示地震引起的水底擾動會對深海魚種造成強烈的干擾，程度足以令牠們衝向水面並跳上陸地。

　　皇帶魚的英文俗名為 oarfish，意思是「會划槳的魚」，命名之際尚未有人目擊過活的皇帶魚，那時人們想像牠們會像划槳一樣擺動腹鰭，但實際上，腹鰭是如彩帶般被拖曳著。深海探測器拍攝的影片顯示，皇帶魚的游動方式是保持身體筆直，規律地波動延伸整個背部的背鰭以產生動力。當覓食時，牠們呈現頭部朝上的垂直姿勢，也許這讓牠們更容易察覺游在上方的魷魚、魚類或蝦子的剪影。過長的身體必然也伴隨著缺點，多數擱淺的皇帶魚都顯示在某個時間點牠們會自割尾鰭。或許就像蜥蜴與壁虎，皇帶魚也會利用自割招數分散攻擊者的注意力，趁機脫逃；然而，不像那些爬蟲類，皇帶魚的尾鰭可是長不回來的。

太平洋（與世界各地）

海參 | Sea Cucumbers

Holothuroidea

　　海參不像肉眼看到的那麼簡單。我們必須承認，牠們確實沒有很可愛，總是躺在砂質海底，活像一條巨大、懶洋洋的蟲，受到驚嚇時會把腸子從屁股噴出來，釋放出一團黏糊糊的線。不過，也有長得漂亮的海參，看起來就像鮮豔海蛞蝓的放大版。例如被稱為海蘋果的紫偽翼手參（*Pseudocolochirus axiologus*），其身體是紫色與紅色，幾百個管足是黃色，頭上一叢觸手是橘黃色。蛇目白尼參（*Bohadschia argus*）的身上則布滿橘色圓點。長尾蝶參（*Psychropotes longicauda*）是棲息在深海的種類，顏色為半透明黃色，還長著一條「長尾巴」，因而獲得軟糖松鼠（gummy squirrel）的外號。游泳海參（*Pelagothuria natatrix*）則像一隻透明水母。你猜猜看，為何另一種棲息於深海且具備游動能力的海參 *Enypniastes eximia* 綽號是「無頭雞怪」？ [15]

　　海參跟海星、海膽是同類，在全球有超過 1000 種。而海參的英文 trepang 及法文 *bêche-de-mer* 兩字出現久矣，顯示由於與亞洲貿易，海參以料理形式進入人類生活已好幾世紀。經過鹽漬或風乾後，珍貴的海參既是食材也是壯陽藥。「佛跳牆」這道料理混合了多種動物食材，包含魚翅與海參，顯然是因為它美味得足以引誘茹素的佛寺和尚攀牆出來偷吃而得名。

　　18 世紀的主要海參撈捕地是印尼蘇拉威西島，並擴及澳洲北部。如今，由於中國中產階級的大量需求，海參撈捕業已遍及全球，連遠在西班牙的漁夫都會鎖定牠們。海參價格水漲船高，有些種類甚至能賣到每公斤幾千美元。組織犯罪集團也涉入其中，盜獵與走私層出不窮。許多地方的海參族群數都在減少，影響原生環境的生態甚鉅。

　　就像蚯蚓維持土壤肥沃，海參對海洋生態也有類似的貢獻。許多海參扮演生物攪拌器的角色，牠們會鑽進沙子與底泥裡，發揮混合底部沉積物的作用，也增加含氧量。大堡礁中的赫倫島（Heron Islamd）周遭珊瑚礁是

15　譯注：*Enypniastes eximia* 尚無確切中文名稱，少數人稱之為浮游海參。其種小名是拉丁文中「特殊、例外」的意思。本頁上方所繪如無頭烤全雞的插圖就是牠。

300 萬隻海參的家，科學家估計每年有 6 萬 4 千噸的沉積物經過牠們的腸子。海參淨化沉積物、吸收裡面的養分，再排出有助珊瑚生長的碳酸鈣。有 200 種以上的生物生活在海參的外表及內部，包含螺、蟹、蝦、蟲，甚至其他海參。隱魚科（Carapidae）的魚就居住在海參的呼吸器官「呼吸樹」（respiratory tree）上，該器官位於海參的肛門內，因此牠們必須趁海參呼吸時才能進出。

印度洋

眼斑雙鋸魚（又名公子小丑）

Clown Anemonefish

Amphiprion ocellaris

　　拜皮克斯的動畫電影所賜，有幾種珊瑚礁魚變得非常知名，尤其是橘白條紋相間的眼斑雙鋸魚。該電影講述一隻名為尼莫的小丑魚在走丟之後的故事，當中包含了許多生物的真實現象，例如：母小丑魚確實會在海葵附近產卵，而這些卵被掠食者吃掉的機率很高（就像電影中尼莫因此失去了所有手足）。不過，編劇人員跳過不少細節，如果把那些細節照實演出，可能會變成完全不同的故事。舉例來說，當尼莫的媽媽消失，尼莫爸爸應該會自動歷經一次性別轉變，從公魚變成母魚，並成為該海葵的主人。

　　小丑魚之間存在著嚴格的位階制度，一朵海葵裡只能住一隻母小丑魚，她是一群小丑魚中體型最大且居領導地位者，她的伴侶是一隻大公魚。至於其他的小丑魚無論公母，都是未能交配的從屬者。你可以從牠們的體型大小判斷出每一隻魚在位階順序中的高低位置，最小隻的就是處於位階底層的新進菜鳥，位階再往上的體型也會稍大一點，以此類推。若讓一群小丑魚排成一列，會像是魚類版的俄羅斯娃娃，較小隻的就是位階高者的縮小版。

　　從屬的小丑魚會擔心自己遭到強勢領袖趕出海葵，這份憂慮足以讓從屬的小丑魚們遵循位階順序，牠們會調整自己的食量以維持較小體型，靜靜等候往上爬的機會到來。一隻小丑魚若想一路往上成為擁有交配權的最大兩隻，牠們可能要等上 10 年，甚至 20 年。小丑魚願意等候的原因在於可供居住的海葵數量不足，牠們能做的最好打算是找一個位階隊伍沒有排那麼長的海葵，然後在那裡耐心等下去。

　　除了讓觀眾愛上這條可愛的橘色小魚外，電影《海底總動員》也展示了一個代表性的共生範例。小丑魚跟這些海葵宿主的關係非常特別。海葵與珊瑚、水母的關係相近，都具備可麻痺獵物的刺絲胞，一般情況下，海葵會殺死並吃掉小魚。小丑魚究竟是如何讓自己對刺絲胞免疫的，至今仍是待解之謎，但很有可能是身上的黏液發揮了效果。常可見到小丑魚在海葵基座附近大力摩擦身體，讓黏液塗布在體表。一種說法是，變得很厚的黏液層讓小丑

魚足以抵擋刺絲胞；另一種說法則是，黏液中的化學成分可讓海葵誤以為小丑魚不過是自己身體正在晃動的一部分，所以不會發動攻擊。

　　無論小丑魚是如何讓自己避過刺絲胞，小丑魚和海葵雙方都確實在這段關係中獲得好處。對小丑魚而言，海葵有刺的觸手提供安全的住所，這讓小丑魚變得完全依賴海葵，若無海葵則難以生存。對海葵而言，若有小丑魚入住，海葵能長得更大更好。白天時，小丑魚會幫海葵趕走愛啄食海葵觸手的蝶魚；夜晚時，小丑魚沉潛在觸手間，但不會陷入熟睡，而是邊睡邊游動，藉此帶來高含氧的新鮮海水，促進海葵呼吸與成長。小丑魚的排泄物對海葵也有好處，因為裡面的氮是海葵共生藻所需的肥料。這是另一種共生關係，也就是藻類安穩地活在海葵中，產出的氧氣與醣類則能幫助海葵長得更好。

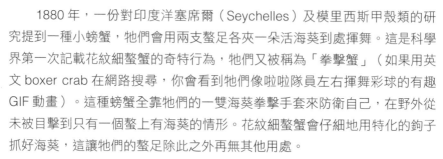

印度洋

花紋細螯蟹 | Pom Pom Crab

Lybia tessellata

　　1880 年，一份對印度洋塞席爾（Seychelles）及模里西斯甲殼類的研究提到一種小螃蟹，牠們會用兩支螯足各夾一朵活海葵到處揮舞。這是科學界第一次記載花紋細螯蟹的奇特行為，牠們又被稱為「拳擊蟹」（如果用英文 boxer crab 在網路搜尋，你會看到牠們像啦啦隊員左右揮舞彩球的有趣 GIF 動畫）。這種螃蟹全靠牠們的一雙海葵拳擊手套來防衛自己，在野外從未被目擊到只有一個螯上有海葵的情形。花紋細螯蟹會仔細地用特化的鉤子抓好海葵，這讓牠們的螯足除此之外再無其他用處。

　　當科學家在實驗室裡取走螃蟹的其中一朵海葵，牠們會把剩下的一朵海葵撕成兩半，海葵被對分後會再生為兩朵完好的海葵。那如果一朵海葵都沒有呢？沒有海葵的花紋細螯蟹會從另一隻螃蟹的螯上搶來一朵海葵，有時會兩朵一併搶來。戰鬥前的對峙期，螃蟹們會朝對方揮舞海葵，但牠們鮮少真的開打或是拿海葵當武器，海葵的主要功能是用來獲取食物，以及螃蟹開動前會先用海葵癱瘓獵物。

　　被螃蟹抓著的海葵也會獲得些許好處。牠們得以移動，能獲得含氧量更高的海水，否則牠們周遭的海水通常會是靜止狀態（這也是為何有動來動去的小丑魚居住的海葵長得比較好）。不過，海葵的食物因此大減。科學家把海葵從花紋細螯蟹的螯足上移開後，海葵幾乎可以長到三倍大。原來，螃蟹不斷偷取海葵的食物，直接從海葵的嘴巴拿走，藉此讓海葵維持適合被螯足夾取的大小。這些海葵彷彿被種在大小受限的盆栽裡。

　　一些俗稱「裝飾蟹」（decorator crab）的螃蟹會蒐集很多不同小動物、藻類，再利用類似魔鬼氈的蟹毛將之固定於殼上，讓這些裝飾物具有偽裝或防禦效果。有的螃蟹會在全身擺滿海葵，有的則把有刺海膽揹在背上，有的會挑選亮色、有毒的海綿來警告掠食者遠離，有的是讓自己的身上覆滿海藻，以致於根本無法發現下面是一隻螃蟹。

印度洋（與世界各地）

彈塗魚（又名背眼鰕虎魚）｜ Mudskipper

Oxudercidae

　　彈塗魚雖屬魚類，不過離開水對牠們完全不是問題。牠們的一生有90% 的時間都在陸地，抬頭挺胸地橫越泥灘，在紅樹林間攀爬。如同青蛙與蠑螈，彈塗魚透過皮膚呼吸，皮膚底下有豐富血管，皮膚上則有黏液覆蓋，可維持皮膚濕潤。牠們也可透過鼓脹雙頰（鰓腔）內的皮膚進行呼吸。像許氏齒彈塗魚（*Periophthalmodon schlosseri*）的雙頰皮膚幾乎達到 1/4 的身體表面積，讓牠們在陸地上呼吸得比水中更好。

　　彈塗魚另一個類似兩生類的特色是，眼睛像青蛙一樣高高地位在頭頂，這讓牠們能從水下觀察岸上。牠們的每隻眼睛都可旋轉，擁有近 360 度的視野。彈塗魚有一個避免眼睛乾透的方法，牠們可把眼睛往下降，浸入頭部充滿液體的凹槽。

　　世上有超過 30 種彈塗魚棲息於潮間帶，牠們都屬於鰕虎，而且許多具有很強的領域性，會積極驅趕入侵者。在繁殖季，公彈塗魚的皮膚會開始出現亮藍色斑點，並且進行一場場讓人驚嘆的跳高比賽，推測是藉此吸引母魚注意。大彈塗魚（*Boleophthalmus boddarti*）會沿著自己的領域築起一道泥牆，就像院子圍籬，這道牆可以讓大彈塗魚與同類鄰居和平相處。當科學家移除這些牆時，他們發現大彈塗魚對彼此變得暴躁易怒，直到牠們重新把牆建好才會再次平復下來。

　　現存至少 12 類開始往陸地走的魚，彈塗魚是其中之一，但並非是由這些魚爬離海洋並演化出後來住在陸地的兩生類、爬蟲類、鳥類、哺乳類等脊椎動物。大約 4 億年前，現在魚類的遠古祖頰「四足類」（tetrapod）邁出了關鍵的一步，永久居住在陸地。彈塗魚以及其他兩棲魚種是在很接近近代時，才演化出能夠暫時離水的構造，不過牠們提供了古生物可能是如何發生這類轉變的線索。科學家近期將幾種彈塗魚的 DNA 測序，發現牠們的基因產生了變化，包含那些讓牠們能在水下看水上的基因，還有強化牠們的免疫力以對抗陸地疾病的基因。

這些不擅游泳的魚也必須學會如何走路。彈塗魚像拄拐杖般使用他們的胸鰭，並利用有力的尾鰭推動自己前進。棲息在非洲河川及沼澤的淡水多鰭魚（Polypteridae 科）看起來有點像帶著微笑的蛇，身上覆滿發亮的鱗片，當水位降低，他們一開始會用胸鰭蹣跚爬行，但很快就越走越好。科學家把多鰭魚養在潮濕的水族箱，讓他們無法下水，他們便在一年內發展出更有效率的行走方式，爬行時會把頭抬高，並穩穩地用鰭撐住地面，他們的肌肉與骨骼都適應了步行的生活模式。

　　最靈活的魚甚至能爬上瀑布呢！薄氏大彈塗魚（*Sicyopterus stimpsoni*）棲息在夏威夷，當地人稱 *'o'opu nōpili*，他們會逆流爬行。利用嘴巴以及由腹鰭特化的吸盤，他們能一點一點地往上爬。為了到上游產卵，這隻手指大小的魚能攀上幾百公尺高的瀑布。當魚卵孵化，幼魚立刻被沖下瀑布，流往外海。六個月後，幼魚長大了一點，他們又會開始往上游移動，重新上演前述情形。

　　部分魚隻的呼吸方式類似青蛙，有不少魚種演化出肺部，進而逐漸變成裡面充滿氣體的器官，能控制魚隻的浮力，也就是現在魚類大多擁有的魚鰾。很多擁有肺部的魚只能靠呼吸空氣生存，包含肺魚（屬於 Dipnoi 亞綱）與多鰭魚。若無法到達水面，他們將窒息而亡。是誰說魚隻不會溺斃呢？

印 度 洋
貨幣寶螺 | Money Cowrie
Monetaria moneta

　　抓起一把貨幣寶螺殼的感覺是觸感絕佳、聲響悅耳，就像幾顆光滑彈珠放在一起，丁鈴噹啷。貨幣寶螺活著的時候，殼的外部會覆蓋一層軟質物，有著細緻的斑馬條紋，可讓牠們維持光滑亮澤。

　　世界各地的人們，即使是住得離海很遠的人，都曾拿貨幣寶螺殼作為裝飾品，它是純真、豐饒、重生的象徵。貨幣寶螺曾被放置於棺木中的死者眼睛上。生活在馬背上的古代中亞游牧民族斯基泰人（Scythian）大概一輩子都沒見過海，但他們會把貨幣寶螺跟死者一起埋葬。幾世紀以來，印度洋馬爾地夫的居民會將椰子樹丟至海中，由於螺類會爬到上面躲藏，他們便藉此蒐集貨幣寶螺。馬爾地夫的貨幣寶螺被送往印度交換米和布料，阿拉伯商人再把從印度獲得的貨幣寶螺帶到埃及，最遠可達西非。等到 14 世紀，這些螺殼就在西非變成了貨幣。

　　貨幣寶螺的貿易一直相對平穩溫和，直到歐洲商人出現後想出了醜陋的做法。荷蘭與英國商人航行至東南亞與中國購買茶葉、香料及絲綢，然後他們到印度港口裝載便宜的貨幣寶螺殼，當成壓艙貨來保持船身在大浪中的穩定。這些貨幣寶螺在歐洲被卸下後重新打包，送至西非並用來購買奴隸。

　　在奴隸交易中，每名奴隸的價格從 1 萬顆貝殼上漲到 16 萬顆貝殼。總計約 300 億顆馬爾地夫的貨幣寶螺出現在西非的奴隸交易中。當奴隸交易宣告終止，貨幣寶螺則被用來交換西非的棕櫚油。來自桑吉巴（Zanzibar）的金環寶螺（*Monetaria annulus*），在 19 世紀成為第二種交易用螺殼。20 年內大約有 160 億顆金環寶螺流入市場，導致惡性通膨與貶值，直到牠們再度只剩一把抓起觸感光滑的特色，其餘一文不值。

印度洋

爪哇裸胸鯙 | Giant Moray Eel

Gymnothorax javanicus

　　爪哇裸胸鯙是珊瑚礁區惡名昭彰的可怕掠食者，有幾個特性讓牠成為了魚類殺手。裸胸鯙嘴裡不只長滿尖牙，更內側還長有第二排牙齒，被稱為咽頷齒（pharyngeal jaw），該構造類似鸚哥魚用來磨碎珊瑚與鮮脆海藻的頷，差別在於裸胸鯙是用來獵捕其他生物。咽頷齒可向外伸出，咬住獵物後將之拉入喉嚨，是動物裡非常特殊的獵捕方式。外太空異形，多學著點！

　　此外，裸胸鯙的細長身體讓牠們可以鑽進礁石縫隙。一般獵物只要及時游進縫隙就能逃過一劫，但這招對裸胸鯙沒用。這也是另一種珊瑚礁掠食者——蠕線鰓棘鱸（*Plectropomus pessuliferus*），會跟著裸胸鯙一起覓食的原因。不同物種間的合作非常罕見，尤其是在魚類之間。石斑魚會主動在白天到裸胸鯙休息的地方尋找牠們，待游到裸胸鯙的正上方後，快速地左右擺動頭部，這類存在於不同種動物間的溝通是很不尋常的。裸胸鯙看到石斑魚打出的訊號便會游出，然後兩者一起狩獵。泳速快的石斑魚在獵物後方追捕著，一旦獵物躲進礁石間，裸胸鯙隨即鑽入，可能是在裡面吃掉獵物，也可能是把獵物驅趕出來，交給在外等候的石斑魚。石斑魚的視力較佳，如果發現獵物藏身處，牠會用魚吻指給裸胸鯙看。科學家觀察這對石斑魚與裸胸鯙的搭檔好幾小時，發現比起牠們獨自獵食，合力出擊時兩種魚的成功率都更高，也有更多食物可吃。

　　世界各地有至少 200 種裸胸鯙，有的棲息於溫帶海洋，但多數生存在熱帶珊瑚礁，在珊瑚礁中常可見裸胸鯙讓裂唇魚清理牙齒的畫面。不少裸胸鯙，尤其是星帶蝮鯙（*Echidna nebulosa*），有著亮黃色的眼睛，身上長滿斑駁花紋，是很受歡迎的海水缸觀賞魚。

印度洋（與世界各地）
南美擬沙丁魚
Southern African Pilchard

Sardinops sagax

　　全世界的所有魚種裡，大約有 1/4 喜歡跟其他魚緊密游在一起，當落單時，牠們會立刻變得焦躁不安，其中讓人印象最深刻的就是擬沙丁魚（pilchard）及沙丁魚（sardine）。上述兩個名字可互換使用，它們泛指某一類體型小、銀色、永遠成群生活的魚。每年 5 月到 7 月，壯觀的沙丁魚群沿著非洲東南海岸遷徙，數十億的南美擬沙丁魚匯聚繁殖，並往北遷徙至較冷海域，其路線是以阿加勒斯灘（Agulhas Bank）為起點，游往莫三比克。這麼豐富的魚群吸引了各式掠食者，布氏鯨、南非鰹鳥、海豚、短尾真鯊通通加入這場捕食沙丁魚的嘉年華。

　　雖然稱為魚群，但依據組織方式又可分為 shoal 與 school。shoal 是指魚隻鬆散地聚集，大致往同一方向移動；若魚隻動作變得更一致，連頭部都擺往相同方向而前進某處或游離該地，此時 shoal 就變成組織更緊密的 school。[16]

　　當擬沙丁魚跟其他魚組成動作一致的緊密魚群（school）時，牠們看似超脫自我，變成只有單一意識的超個體；但事實上，每一隻魚都可以自己決定要游多快、游往哪個方向。魚群中保有的一條簡單規則是，跟前面那隻魚保持兩個魚身的距離。魚隻側線可感知壓力，讓牠們能偵測周遭魚隻的位置。每隻魚對於自己要處在魚群中的哪個位置各有偏好，有的喜歡當領頭者，有的則願意當跟隨者，也有習慣待在魚群左側或右側者。

　　游在魚群中有許多好處，最明顯的優點是符合「人多勢眾」的通則。融入在大小類似、形狀相仿的魚群中，單一個體被鎖定或捕捉的機率會大為降低。成群游動也可以節省體力，類似在單車集團裡騎車的效果。科學家研究魚群結構，他們發現個體會讓自己游在正確的位置以獲得額外推力，此推力來自周遭魚隻游動造成的亂流尾流（turbulent wake）。風力發電廠即是仿效魚群結構，將風力渦輪機按照類似方式設置，以提升發電效率。

---

16 譯注：另一種區分 shoal 與 school 的方式是依據組成魚種是否相同。shoal 是不同魚種組成的鬆散團體；school 則由相同魚種組成，魚隻動作也較具一致性。

當魚群遭受攻擊時，魚群成員甚至會協同合作得更好，例如魚群會分成兩半，讓鯊魚或海豚從中間穿過，並在掠食者身後重新匯聚成一團。當局面變得更緊張時，魚群會收縮成一顆瘋狂旋轉的魚球，每隻魚相繼潛入這顆魚球中央，試圖藏在其他魚的後面，盡可能遠離掠食者的嘴。然而，魚球招數常以失敗告終，例如當一群海豚從下方與四周襲來，或者可潛水的海鳥從上方俯衝入水，或者一隻巨大的鬚鯨一口吞掉整個魚群。

魚隻組成魚群的習性也讓人類從中受益，撒下一次網便可將大量魚隻一網打盡。在整個漁業歷史裡，最重要的漁貨其實是「餌料魚」，這個詞彙涵蓋了擬沙丁魚、沙丁魚、鯡魚、鯷魚、鯖魚、油鯡，以及其他會被較大海水掠食者當作獵物的魚。餌料魚會被加工成古羅馬的魚露，也是中古世紀的主食，現在則被密封在無數罐頭中。世上最大的漁業公司所使用的超級拖網船，就是以小小的餌料魚為主要撈捕對象。全球野生漁貨中，至少 1/3 是餌料魚。90% 的餌料魚被製成魚粉及魚油，用於飼養牲畜，包含豬、家禽及養殖場的鮭魚。許多人認為應該由人類自己吃掉餌料魚對生態比較好。

印度洋

鮑魚 │ Abalone

Haliotis spp.

　　鮑魚是一種形狀像耳朵的扁平海螺，也是人們熟悉且運用已久的物種。在南非的布隆伯斯洞穴（Blombos Cave），考古學家發現了具有 10 萬年歷史的兩片南非鮑（*Haliotis midae*）外殼被當成顏料罐來使用。這些殼是製作顏料所需的工具之一，當時的人用木炭與海豹骨頭來磨碎赭石，攪拌後加熱，再用塞住孔洞的鮑魚殼儲存紅色顏料。這項發現證實，即使是演化早期的智人也已經具備規劃與製造物品的能力，並意識到巴掌大小的鮑魚殼可以當作有用的容器。

　　現今，鮑魚的主要功用是提供具光澤的光滑珍珠母，其常呈深綠色或藍色，可以製成珠寶或鑲嵌用。紐西蘭毛利人稱鮑魚為 *pāua*，他們將之視為 *taonga*，意即「毛利文化的寶藏」。

　　人類吃鮑魚的歷史也很久遠，在海邊能夠輕易發現這些肉質豐富的螺類，把牠們撬離岩石也非難事。鮑魚是一道佳餚，因此部分地區在過度採集後已導致其數量衰減。2001 年，美國將白鮑螺（*H. sorenseni*）納入瀕危物種清單，這是該名單中第一個海洋無脊椎動物。經過前面幾十年的過度採集，牠們幾乎消失殆盡。加州海峽群島（Channel Islands）曾經每公頃有12500 隻白鮑螺，現今在相同區域如果能發現一隻就代表發現者當天的運氣絕佳。即使已經受到保護，白鮑螺的前途仍困難重重，因為現存的白鮑螺分布得太過分散，導致牠們很難找到交配對象。目前正透過人工繁殖再野放的方式來延續該物種。

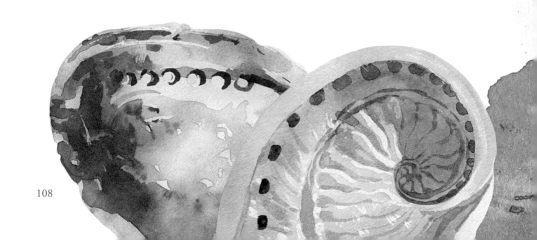

印度洋
鸚哥魚 | Parrotfish
Scaridae

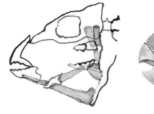

　　白色沙灘以及珊瑚環礁是熱帶天堂的經典畫面，但若少了魚類，這些都不會存在。遊客漫步在海灘時，沾附在他們腳上的白淨沙子很大比例是由鸚哥魚所製造。科學家仔細分析馬爾地夫的瓦卡魯島（Vakkaru Island）沙灘起源，發現約 85% 的沙子都產自鸚哥魚。觀光客大概會很驚訝，但他們真該對於鸚哥魚將珊瑚轉化為粉狀沙粒所扮演的角色心懷感激。然而真相是，這些熱帶沙灘的白沙絕大部分是來自鸚哥魚的排泄物。

　　大約有 100 種鸚哥魚棲息在世界各地的珊瑚礁、海草床及岩岸。鸚哥魚的牙齒相互融合，彷彿鸚鵡的喙，可以藉由這種獨特的牙齒輕易地辨識出牠們。每隻鸚哥魚有 1000 顆牙齒，排成 15 列，而且彼此黏合在一起，組成無比堅固的構造。當舊牙齒脫落時，會由後排牙齒補上，類似鯊魚替換牙齒的方式。

　　鸚哥魚大多為草食性，以礁石上的藻類為食。牠們進食與咀嚼時，會順道從老去、死亡的珊瑚骨骼刮下石灰岩，常造訪珊瑚礁的潛水員應該都很熟悉鸚哥魚進食時所發出的刺耳聲音。有些種類的鸚哥魚會吃活珊瑚，例如體型最大的隆頭鸚哥魚。牠們嘎啦嘎啦地咀嚼，是為了獲取微小珊瑚蟲上薄薄的一層活組織。

　　鸚哥魚喉嚨後方有第二副牙齒，就像牠們正企圖吞下一副假牙。被稱為咽頜齒的部位可將珊瑚磨成細粉，之後才被鸚哥魚嚥下。珊瑚與海藻的混合物會經過牠們的腸道，在此消化吸收當中的養分，剩餘的粉狀石灰岩最終會以細沙形式被三三兩兩地排泄出來。

　　鸚哥魚無止境的咀嚼與排泄讓牠們成為生態工程師。科學家在太平洋的帕爾米拉環礁（Palmyra Atoll）觀察隆頭鸚哥魚每天的生活，他們浮潛跟蹤鸚哥魚，計算魚隻的日常作息。平均而言，這些體長 1 公尺的魚每分鐘會咬珊瑚 3 次，每小時排泄 20 次。一年下來，一隻隆頭鸚哥魚會吃下 4 ～ 6 噸的珊瑚，這可是會製造出非常多的沙子。

名字叫鸚哥的另一個原因，是鸚哥魚像鸚鵡一樣具有多種鮮豔顏色。大多數的鸚哥魚在一生中會經歷外觀與性別轉變，一開始多為顏色單調的母魚，然後五彩繽紛的體色顯現，性別也轉為公魚，有的甚至會再經歷一次性別轉換，又變回母魚。由顏色最鮮豔、被叫做超雄魚（super male）的公魚率領一群母魚。當夜晚降臨，鸚哥魚會在海底替自己找一處安靜的地方歇息，並且分泌一顆黏液泡泡，將自己包裹在泡泡裡，保護自己不受夜行性吸血螺的侵襲。安穩地躺在黏糊糊的「睡袋」裡，鸚哥魚能睡得很沉。

　　除了製造白沙及打造海灘、島嶼，鸚哥魚對維持珊瑚礁的健康至關重要。這些草食魚可確保珊瑚不會被過度生長的海藻覆蓋，他們在老珊瑚基座刮啃出的乾淨表面能讓新的珊瑚蟲漂至該處落腳生根，發展出新的珊瑚群體。巴拿馬的珊瑚化石遺跡顯示，幾千年來，珊瑚與鸚哥魚的消長具一致性。當鸚哥魚族群興旺時，珊瑚也顯得蓬勃且健康；當鸚哥魚數量衰減，例如遭受過漁的最近 200 年，珊瑚的生長變得遲緩，狀態也不再那麼健康。能有效保護珊瑚礁的的方法之一，就是減少撈捕鸚哥魚，確保他們能夠大量且成群結隊地游在海中。

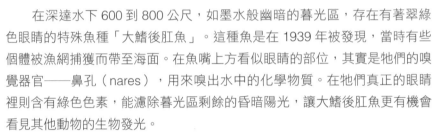

太平洋
大鰭後肛魚（又名桶眼魚）│ Barreleye
Macropinna microstoma

　　在深達水下 600 到 800 公尺，如墨水般幽暗的暮光區，存在有著翠綠色眼睛的特殊魚種「大鰭後肛魚」。這種魚是在 1939 年被發現，當時有些個體被漁網捕獲而帶至海面。在魚嘴上方看似眼睛的部位，其實是牠們的嗅覺器官——鼻孔（nares），用來嗅出水中的化學物質。在牠們真正的眼睛裡則含有綠色色素，能濾除暮光區剩餘的昏暗陽光，讓大鰭後肛魚更有機會看見其他動物的生物發光。

　　這種魚長相奇怪，科學家一開始假設兩顆穹頂形狀的綠色眼睛方向固定，永遠只能朝上看著上方獵物的剪影。眼睛呈圓柱體的部分讓牠們能偵測極弱光線，但也因而侷限視野範圍。2009 年，加州沿海的深海攝影機捕捉到一隻活生生的大鰭後肛魚畫面，科學家從中發現兩件事。首先，這隻魚奇特的眼睛可以轉動。當大鰭後肛魚發現有興趣的東西時，牠的眼睛會像一副雙筒望遠鏡般轉動。其次，科學家看到牠的頭上有一大塊透明穹頂，就像卡通裡的太空人頭盔或一個倒置的圓形金魚缸。由於該構造脆弱，在之前被採集的個體身上已脫落不見。這次鏡頭下構造完好的畫面，提供了科學家推測大鰭後肛魚以何為食的線索。雖然至今沒有人親眼目睹，但牠們可能會游到擁有極長身體的深海管水母旁，偷走身陷於管水母觸手的小型獵物，透明穹頂此時能保護大鰭後肛魚的綠色眼睛不被觸手螫傷。

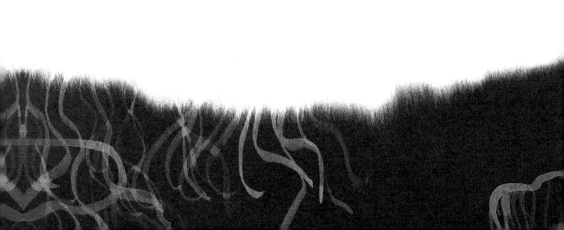

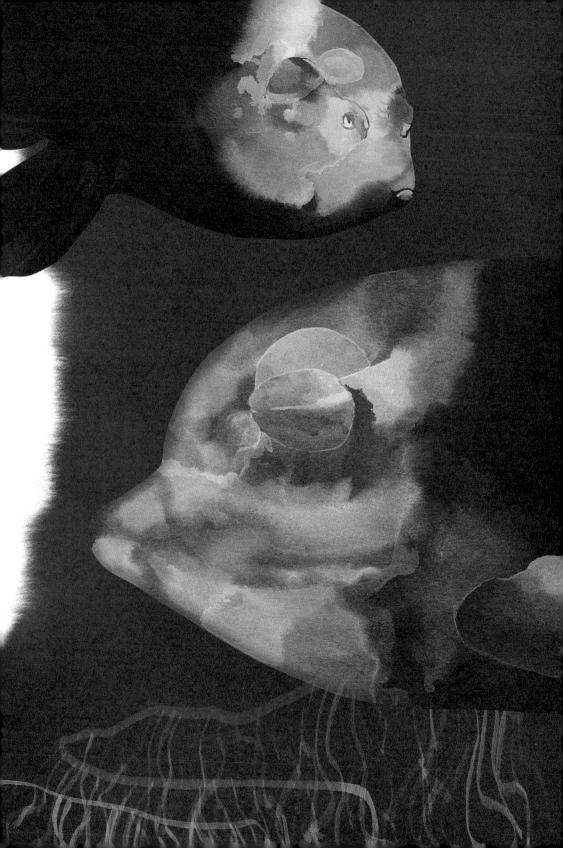

太平洋

長尾鬚鯊 | Walking Shark

Hemiscyllium spp.

　　一般人對於鯊魚有幾個嚴重迷思，特殊的長尾鬚鯊恰巧可以打破人們對鯊魚這種尖牙掠食者的錯誤認知。首先，長尾鬚鯊能說明並非所有鯊魚都必須一直游動才能呼吸，牠們的肚皮貼地，成天打盹，鼓動鰓部讓水流過。其次，長尾鬚鯊晚上才醒來並開始行動，如同其英文俗名「步行鯊」（walking shark），牠們是在海底行走移動，用類似蠑螈的扭動方式爬行，把槳型魚鰭當作原始的腿來使用。牠們甚至可以一次憋氣超過一小時。這些特性讓牠們能在退潮期爬進一個個分開的潮池，以受困於潮池中無路可逃的魚隻、甲殼類動物與蟲飽餐一頓。

　　生物學家近期發現棲息在澳洲北部、巴布亞新幾內亞以及印尼的長尾鬚鯊總共有 9 種，而非原先認為的 5 種。特殊的表皮花紋讓我們能分辨出不同的長尾鬚鯊，這些花紋包含花豹斑點、斑馬條紋以及彷彿噴霧瓶噴出的細黑點。其中最出名的是斑點長尾鬚鯊，牠們的身上有 2 顆大黑斑，位置就像是在人類軍服上的肩章，因此又叫肩章鯊。

　　寫在長尾鬚鯊 DNA 裡的訊息透露了讓人意想不到的真相——牠們是海洋裡最新的鯊魚。這個屬別出現於 900 萬年前，其中最年輕的兩個物種在不到 200 萬年前才分化出來，那是巧人（*Homo habilis*）——距離我們沒有很遠的祖先——還忙著把鵝卵石敲成尖銳石器的時代。長尾鬚鯊出現的時間挑戰了長久以來認為「所有鯊魚都是古老物種且變化不大」的想法。

　　鯊魚已經存在約莫 4 億 5000 萬年，部分鯊魚似乎長時間以來都維持著一成不變的樣貌，堅守流線型掠食者的成功模式。不過，長尾鬚鯊選擇了不同的做法，牠們游不遠也游不快。成魚的交配儀式非常奇特，牠們是以倒立姿勢交配，受精卵一經孵化就長得像是縮小版的成魚，且馬上能用走路的方式移動。一種現今棲息在印尼中部的長尾鬚鯊，當年是搭著板塊向西滑動的便車才來到目前的棲息地，彷彿是在證明牠們不愛活動的本性。

射水魚 │ Banded Archerfish

Toxotes jaculatrix

　　長久以來人們都相信魚類只有小且相對簡單的大腦，牠們不像其他脊椎動物，尤其是哺乳類那麼聰明。這個想法暗中影響人們對魚類的態度，以及對待牠們的方式。然而，許多種魚的表現說明牠們擁有驚人的心智能力，其中又以射水魚最令人嘖嘖稱奇。

　　射水魚在熱帶紅樹林的水下徘徊，窺伺水上，找尋待在周遭植物邊緣的昆蟲。當牠們發現目標後，這種小魚會展開一連串的心理算計。牠們會考慮光線從空中進入水裡的折射，計算要射出的距離與角度，並預測要在哪裡等候獵物落水。然後，射水魚才會將牠們的嘴仰向水面，噴出一顆水彈，射往距離多達 3 公尺外在劫難逃的昆蟲。以一隻才 20 公分的魚而言，夠厲害了吧！射擊瞬間，射水魚會振動魚鰭，不斷微調來抵銷噴水的反作用力。接著，在 1/1000 秒內衝出，吞下獵物。

　　射水魚不僅會計算，還懂得利用水的特性。射水魚用舌頭推動水，讓水沿著口腔上緣的凹槽移動，關鍵在於牠會更用力推動水的末段，讓後方水的移動速度更快，使所有水流能融合成單一水彈疾射而出。這個技巧讓射水魚能夠以超過自身肌肉力量 5 倍以上的力道射出水彈。

　　這些魚類刺客也在另一個面向展現出牠們的心智能力。牛津大學的科學家用食物訓練射水魚向電腦螢幕上的特定人臉噴水。過一陣子之後，當螢幕出現的是混雜多張人臉的畫面，射水魚依舊曉得要往哪張臉噴水才能獲得獎賞。即使把那張臉換成不同角度，射水魚仍能辦到。人類靠著大腦中的新皮層（neocortex）辨識臉孔，可是魚類沒有新皮層。能否辨識人臉對於魚類並不重要，但牠們仍能完成這些複雜的視覺任務，由此顯見，魚類的腦內比我們一開始想像的還要豐富得多。

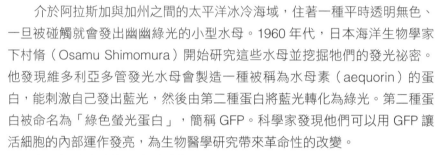

維多利亞多管發光水母
Crystal Jelly

Aequorea Victoria

　　介於阿拉斯加與加州之間的太平洋冰冷海域，住著一種平時透明無色、一旦被碰觸就會發出幽幽綠光的小型水母。1960 年代，日本海洋生物學家下村脩（Osamu Shimomura）開始研究這些水母並挖掘牠們的發光祕密。他發現維多利亞多管發光水母會製造一種被稱為水母素（aequorin）的蛋白，能刺激自己發出藍光，然後由第二種蛋白將藍光轉化為綠光。第二種蛋白被命名為「綠色螢光蛋白」，簡稱 GFP。科學家發現他們可以用 GFP 讓活細胞的內部運作發亮，為生物醫學研究帶來革命性的改變。

　　如同許多會生物發光的動物，維多利亞多管發光水母大概是為了自保、嚇走掠食者而演化出發光機制。GFP 遇到藍光或紫外線便會發光的特性，對科學家而言相當實用。科學家可將 GFP 基因植入細胞或一個活生物體，無論它去到哪裡，那裡就發光。更重要的是，科學家能夠將 GFP 與其他基因或蛋白相互連接，如此一來，即可透過照光來追蹤一個細胞或個體。GFP 基本上等同於夜光標籤，可用來追蹤癌細胞的擴散，以及研究其他疾病、幹細胞、發育中的胚胎等，是非常強大的研究工具。

　　現在，科學家已經從各式各樣的海中生物萃取出可組成一道彩虹的 7 種顏色螢光蛋白，來源包含珊瑚、海葵與浮游生物。這些螢光蛋白被用在基因工程，打造出許多本來不存在的螢光生物。最先被研發出來的是用於偵測環境汙染的螢光斑馬魚，經注射 GFP 的斑馬魚只要游過遭受汙染的水便會發亮。2011 年，一群科學家將一種基因植入貓的體內，幫助牠們對抗貓愛滋（FIV），並用 GFP 標記，觀察這些蛋白在貓體內的傳播。此外，也有螢光羊、螢光兔、螢光獼猴、螢光犬、螢光豬，當然還有螢光鼠。牠們多半是為了科學目的而研發，但你現在也可以幫自己買一隻螢光魚當作寵物。

太平洋
花斑連鰭鮨（又名五彩青蛙）｜ Mandarinfish
Synchiropus splendidus

　　當太陽沉入海中，日本到澳洲之間的珊瑚礁便開始上演花斑連鰭鮨的浪漫故事。公魚會從藏身處游出，展示牠們身上豐富的花紋與色彩，拍動魚鰭，企圖吸引母魚注意。遍布公魚身體與魚鰭的橘色與綠色十分亮眼，衝突的配色再被彎彎曲曲的深藍色線條所緩和，構成母魚難以抵擋的組合。母魚會挑選一隻鮮豔公魚，停靠在牠展開的胸鰭上，然後牠們將一同升起，讓釋出的精卵在水中交融。

　　鮮豔色彩在花斑連鰭鮨的求偶儀式中扮演著重要角色，卻也引來不速之客的目光，包含那些把牠們當零嘴的掠食者，花斑連鰭鮨因而演化出反制策略。花斑連鰭鮨非常美麗，但是聞起來臭不可當，牠們的身上覆蓋著一層氣味難聞的有毒黏液，可有效嚇走掠食者。事實上，花斑連鰭鮨搶眼的色彩帶有雙重目的，也就是用來求偶，以及警告掠食者最好閃遠一點。

　　在花斑連鰭鮨的花紋裡，最值得一提的就是那些深藍色紋路。身上帶著「真正藍色」的動物極為稀少，花斑連鰭鮨是少數能產生藍色色素的物種。在所有魚類中，擁有藍色色素的僅兩種而已，另一種則是花斑連鰭鮨的近親——變色連鰭鮨（picturesque dragonet）。其他動物的身體看似藍色的部分，從蝴蝶的翅膀到人類的眼睛，絕大多數更偏向是藍色的錯覺，由於那些物質的結構會分散或干擾光線，才讓它看起來是藍色。如果將蝴蝶翅膀上的鱗片壓碎至失去原結構的排列方式，此時顯現的才是翅膀的真正顏色。花斑連鰭鮨並不是藉由結構呈現出藍色，其皮膚帶著貨真價實的藍色色素，就像顏料一樣。

曲紋唇魚（又名龍王鯛、蘇眉魚）

Humphead Wrasse

Cheilinus undulatus

當你凝視著一隻成體公曲紋唇魚，你可能會覺得牠同時也在打量你，也許是因為牠的大眼睛與前突魚吻讓牠帶有小狗淚眼汪汪的感覺，抑或只是因為牠實在太巨大了，當一個生物體型龐大時自然帶著一股氣勢。一般人張開手臂都不及牠的長度，洗澡盆也裝不下牠，除了鯊魚，珊瑚礁裡沒有魚比曲紋唇魚更大。每隻曲紋唇魚臉上糾結複雜的藍綠色迷宮紋路都與眾不同，獨一無二的花紋就像指紋，只是它們長在臉上，或許應該稱為臉紋？

由於有獨特臉紋可供辨識，這意味著只要你想，就可以追蹤一隻曲紋唇魚漫長而複雜的一生。亞成魚階段的曲紋唇魚身上帶著黑白斑點，幾年後，牠會轉變成鼠尾草綠色的母魚，再過幾十年，牠可能還會經歷一次戲劇性的轉變，也就是頭上藍色腫起處會越變越大，而牠又從母魚變性成公魚。

對曲紋唇魚以及很多其他科別的魚類而言，一生中經歷過兩種性別是很正常的，有的是先公後母，有的是先母後公，有的同時兼具雙性特徵。性別轉換的特性被演化所保留，因為這能帶給魚類某種程度的優勢。曲紋唇魚的性別轉換可能跟牠們特殊的繁殖方式有關。通常曲紋唇魚習慣獨居，不過每逢滿月之時，牠們會聚集在珊瑚礁上由一隻強勢公魚所守護的特定位置。公魚會巡視地盤，幾十隻母魚在該領域內組成後宮。當牠們覺得時機對了，母魚會輪流加入公魚，度過極短暫的時光。母魚用嬌小身軀擠靠比牠大上數倍的公魚，趁機排出一團卵，公魚則排出精子，之後雙方又馬上分開，留下胚胎在海中漂浮，任新生命展開各自旅程。交配後，母魚回到珊瑚礁過牠的日子，公魚則將注意力轉到下一隻母魚，直到所有母魚都輪過一遍。

性別轉換可維持一個族群的公母比例均衡。繁殖只需要一隻強勢公魚以及大量母魚，少數弱勢公魚會在附近徘徊，偶爾偷溜進別人的地盤跟母魚交配，但這些弱勢公魚基本上都在靜待自己的位階晉升，直到有一天輪到自己當家作主。

現在已經很難見到這種繁殖奇景，而且也只會發生在被完善保護的海域。曲紋唇魚因為全球活魚貿易而遭到撈捕，範圍涵蓋整個印太區域，特別是印尼、馬來西亞及菲律賓。常見的捕捉方式是由潛水員利用水煙設備進行。潛水員先驅趕曲紋唇魚，等牠們躲進礁岩縫隙後，再使用一條連接船上空壓機的軟管，朝魚隻躲藏處噴出氰化物溶液來迷昏魚隻，而非毒死牠們，因為活魚才是商人要的。然後，這些活魚會先被保存在船上的注水隔間內，部分魚隻再被送往公共水族館，但大部分是被送往亞洲餐廳，饕客會花大把銀子當場挑選要宰殺哪隻魚來吃。曲紋唇魚極其珍貴，公魚巨大而富彈性的嘴唇更被視為一道佳餚。

　　當今國際貿易對曲紋唇魚的衝擊已遠遠超過幾個太平洋島嶼的傳統漁業，牠們在那些島嶼其實備受尊敬。在巴布亞新幾內亞，唯有村中長老才能食用曲紋唇魚；在關島，男子成年禮的儀式曾是到海裡刺一條曲紋唇魚；在庫克群島，傳統上只有舉辦宴會時才會捕捉牠們。曲紋唇魚在斐濟文化的重要性，則讓牠們成為該國一款硬幣上的紀念圖案。

　　在認知到全球貿易快速讓高度瀕危的曲紋唇魚消失殆盡後，部分國家已限制或完全禁止曲紋唇魚的出口。然而，對於曲紋唇魚的需求居高不下，導致黑市交易盛行。保育團體開發出智慧手機程式來追蹤這類非法交易，程式使用者可拍下曲紋唇魚在餐廳水族箱的照片，演算法能根據牠們錯綜複雜的臉紋來辨認個體。應用程式蒐集到的資訊揭露了一項令人搖頭的事實——那些只擁有單隻曲紋唇魚販售許可的餐廳業者其實是常態性販售牠們，利用合法額度來掩護黑市的不法魚隻。

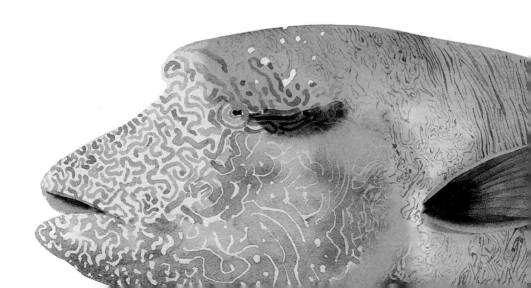

太平洋
加利福尼亞灣石首魚與
小頭鼠海豚 | Totoaba and Vaquita
Totoaba macdonaldi and *Phocoena sinus*

　　墨西哥的加利福尼亞灣（Gulf of California）住著一種瀕臨滅絕的大型魚，只因為牠們的內臟比同重量的黃金還高價。加利福尼亞灣石首魚的魚鰾售價可高達每公斤 8 萬美元（黃金價格一般在每公斤 5 至 6 萬美元間波動），這種內部充滿氣體的器官是魚類常見構造，具有控制浮力、發出聲響以及偵測聲音等多種功能。在中國，乾燥的魚鰾又被稱為花膠，是一道絕品佳餚，將其熬煮成湯則被認為具有療效。加利福尼亞灣石首魚已遭過度撈捕數十年，雖然撈捕牠們自 1975 年起已屬違法行為，但高度需求導致黑市交易猖獗。魚鰾多被塞在行李箱中運送，來源包括專門從墨西哥走私魚隻高價部位的石首魚非法販售集團，這些非法運送常常被查獲沒收。加利福尼亞灣石首魚還剩下多少隻？目前無從得知。

　　因非法撈捕導致數量銳減的不只是身長 2 公尺的加利福尼亞灣石首魚，世上最小、數量最少的鼠海豚科成員——小頭鼠海豚——也因此受害。眼睛周圍的黑斑讓小頭鼠海豚獲得「海中熊貓」的稱號，不過牠們的生存狀況遠比那些食用竹子的哺乳類動物要更嚴峻。

　　跟石首魚一樣，小頭鼠海豚亦棲息於加利福尼亞灣，而且牠們很容易被非法流刺網纏住並於水中溺斃。這些流刺網是為了每年 11 月到隔年 5 月遷徙的石首魚而架設。1997 年，科學家估計還有 567 隻小頭鼠海豚；待至 2018 年，族群數已降至 19 隻；到 2021 年，一般認為只剩下 9 隻。人工繁殖小頭鼠海豚的計畫也以失敗告終。不過，也許這個物種還有一絲希望，滅亡不見得是牠們注定的命運。剩餘的小頭鼠海豚中有幾隻年輕個體，科學家認為母海豚也許一年就能繁殖 1 隻小海豚，而非原先以為的 2 年。近期研究也顯示，現存小頭鼠海豚仍具有足夠的基因多樣性來繁衍族群。拯救牠們的關鍵在於停止使用流刺網殘害小頭鼠海豚，以及終結非法石首魚交易。

太平洋

雪人蟹 | Yeti Crab

Kiwa hirsuta

　　在復活節島（Easter Island）南邊一點的海底熱泉區域，住著一種全身雪白的特殊螃蟹。深海科學家將之命名為 *Kiwa hirsuta*，屬名 *Kiwa* 是玻里尼西亞文化中的海神，種小名 *hirsuta* 則是拉丁文「毛茸茸」的意思，用來描述牠們的螯足上長滿了茂密絨毛（但那並非絨毛，而是甲殼的延伸）。這種螃蟹更為人所知的名字是雪人蟹（yeti crab），看看那又長又毛茸茸的螯足，應該無須多做解釋吧。

　　雪人蟹毛茸茸螯足上的東西是牠們能在海底熱泉存活的關鍵。如同本書前述的鱗角腹足海螺，雪人蟹的食物來源也是那些以熱泉化學成分為生的細菌。差別在於鱗角腹足海螺讓細菌生長在體內，雪人蟹則讓細菌生長在絨毛上。當要進食時，雪人蟹只消用顎足梳理一下絨毛，便能獲得一頓微生物大餐。

　　雪人蟹沒有視覺，不過牠們可以感應溫度並爬至灼熱的熱泉噴口，確保身上的細菌能獲得充分的化學物質。公蟹會靠得最近，這也是牠們長得這麼大的原因，但牠們確實偶爾也會因此被煮熟。母蟹曉得當腹部抱著一堆卵時，熱泉噴口並非安全處所，她會慢慢離開，尋覓一個水溫較涼快、溶氧量更高的地方，由於此時絨毛上不再有細菌生長，母蟹將逐漸挨餓。

　　世界各地相繼發現了幾種雪人蟹。在哥斯大黎加附近的深海，一處被稱為冷泉（cold seep）的寒冷環境中，有甲烷泡泡從海底冒出，並且棲息著會跳舞的雪人蟹。該種雪人蟹會使用螯足充滿節奏感地攪動海水，大概是為了確保有充分的溶解甲烷能滋養螯足上的菌落。南極洲周圍的南冰洋（Southern Ocean）則出現一種足上無毛，但是絨毛長在胸前的雪人蟹。科學家替這種螃蟹命名時，想到大衛・赫索霍夫（David Hasselhoff）以及他在 1990 年代美國電視影集《海灘遊俠》扮演洛杉磯救生員的模樣，影集裡他總是穿著紅色短褲並秀出長有濃密胸毛的胸膛，這種南冰洋雪人蟹因而有個非正式的名字——霍夫蟹（Hoff crab）。

短尾烏鯊（又名忍者燈籠鯊） | Ninja Lanternshark

Etmopterus benchleyi

當這隻不知名的鯊魚在太平洋中美洲沿海的深處被發現時，科學家決定用學名來表揚小說《大白鯊》的作者班契理（Peter Benchley），他在成書後終身致力於提倡保護鯊魚。而在為這隻鯊魚挑選英文俗名時，一位參與的科學家瓦思琪（Vicky Vasquez）向她的 8 歲表弟徵詢意見。這是一隻不到50 公分長的小型鯊魚，皮膚為墨黑色，但有藍色亮光縱貫魚腹，在漆黑暮光區具有偽裝功能。如同燈籠魚，這些光亮可以讓鯊魚的剪影變得不易從下方察覺，有助於牠們在上方偷偷靠近獵物。以上特色為瓦思琪的小表弟提供了靈感，他建議瓦思琪可以叫這隻鯊魚「忍者鯊」（ninja shark）。

世上有超過 40 種燈籠鯊，忍者鯊是其中一種。所有燈籠鯊皆棲息在深海，而且很多名字都很有趣，有華麗鯊（*Etmopterus splendidus*）、瑪莎的燈籠鯊（*E. marshae*）、萊拉的燈籠鯊（*E. lailae*）、朦朧鯊（*E. bigelowi*）、粉紅鯊（*E. dianthus*）以及刺毛鯊（*E. unicolor*）。天鵝絨腹燈籠鯊（*E. spinax*）的背部長有會發光的棘，發光時就像一把光劍，幾公尺外的掠食者一看到就會被嚇跑。而燈籠鯊的主要食物則是暗光魚（*Maurolicus* spp.），由於暗光魚的視力比掠食者差，多半要在近身處才能看見「光劍」，此時已經來不及逃離俯衝攻擊的燈籠鯊。

另一類跟燈籠鯊類似、會在深海發光的鯊魚科別是鎧鯊科（Dalatiidae），成員之一的巴西達摩鯊（*Isistius brasiliensis*）以大型海洋動物為食，對象包含海豚、鯨魚、海豹、鮪魚以及較大的鯊魚，牠會咬下對方身上的一口肉然後游走，傷口呈現一個完整的圓圈，彷彿是以模具挖走食物，因而獲得「餅乾模具鯊」（cookie-cutter shark）的英文俗名。巴西達摩鯊可生物發光，但在鰓裂處的帶狀保持黑暗，部分科學家認為那也許是在模擬小魚的黑色輪廓，誘使較大掠食者誤以為有獵物。帕氏軟鱗鯊（*Mollisquama parini*）又叫口袋鯊，名字得自牠們胸鰭後方各一個裝有生物發光黏液的小口袋。至今無人知曉為何這種鯊魚會長出有發光黏液的口袋，大概是某種防禦機制吧。

太平洋
馬里亞納獅子魚 | Mariana Snailfish
Pseudoliparis swirei

　　雖然看起來像巨型蝌蚪，英文俗名又跟軟體動物有關，但蝸牛魚（snailfish）是貨真價實的魚類。獅子魚科（Liparidae）[17]又叫蝸牛魚科，因為牠們棲息於沿岸潮池、海藻森林，用特化的腹鰭吸附在物體表面，很像蝸牛使用帶有黏性的腹足。此科別的成員很有趣，牠們的棲息環境迥異。有些活在北極與南極海域，牠們在體內演化出抗凍分子以適應環境；有些則非帝王蟹的鰓室不住。不過，最讓人驚奇的還是那些棲息在魚類深度之最的物種。

　　海洋中分布著 27 條海溝，這些 V 字型裂縫從深海海底往下切，一同創造出海洋中最低的區域，被稱為超深淵帶（hadal zone，或稱哈達帶，哈達是古希臘掌管地下世界的神）。太平洋西部的一系列海溝深度超過 1 萬公尺，最深的馬里亞納海溝深度幾達 11 公里，把聖母峰和艾菲爾鐵塔疊起來都塞得進去。馬里亞納獅子魚以這座海溝為名，因為這裡就是牠們的家。

　　其他海溝也各有一、兩種深海獅子魚，目前已經發現至少 15 種，顏色有藍、有紫、有幽靈白。我們透過綁有誘餌的遙控攝影機來瞭解深海獅子魚，目前絕大多數的資訊都是以此方式獲得。科學家將機器沉入海溝，並設定差不多在 1 天後於海底釋放，讓它浮上水面。誘餌多半是鯖魚，並不是讓獅子魚吃的，而是用來吸引被稱為端足類（amphipod）的食腐甲殼類，那才是獅子魚的主要食物。獅子魚的眼睛很小，可能沒有視覺，但牠們有辦法感覺到水中端足生物活動產生的細微波動。獅子魚帶有淺凹洞的嘴唇充滿神經末梢，在喉嚨後方的第二副牙齒——咽頜齒——是咬碎端足類的利器。

　　獅子魚活在海溝的極大水壓下，相當於全身每 1 平方英吋（6.5 平方公分）都承受著一頭非洲象的重量。牠們的構造已經習慣高壓，相對地，當這些圓圓胖胖的魚被撈上水面時，牠們也會因壓力改變而直接融化。獅子魚的組織內充滿抵抗高壓的化學物質，可保護細胞與分子，讓它們能維持正常運作，不會被水壓擠到變形。

17　譯注：此處的獅子魚（蝸牛魚）不是身上有著可豎立的硬棘，鰭膜張開像翅膀的蓑鮋屬（*Pterois*）魚隻。蓑鮋為鮋科（Scorpaenidae）。

可以想見的是，深海獅子魚身上至今仍充滿著各種謎團。無人知曉牠們在何處繁殖？如何繁殖？牠們是終身都待在海溝呢？還是牠們會有離開的時候？還有多少未知的獅子魚藏身在人類尚未探索的海溝中呢？

太平洋
黑蝶真珠蛤 | Black-Lip Pearl Oyster
Pinctada margaritifera

　　世上數千種軟體動物中，牡蠣被普遍認為是其中最高雅的——至少部分牡蠣是如此。人們對珍珠的喜愛已持續了幾千年，想出各種故事解釋珍珠是怎麼產生的。一說珍珠是天使或女神的眼淚，或說珍珠是閃電擊中牡蠣後出現的，又說它們是露水滴下後變成的。真正的答案是，珍珠單純只是牡蠣防衛自己的產物。當寄生蟲、石礫、沙子或是殼的碎片刺激到牡蠣軟嫩的內部，牠們為了處理這些不受歡迎的入侵者而出現類似免疫反應，於是就產生了珍珠。換言之，是牡蠣把尖銳的碎片用一層薄而發亮的珍珠母（nacre, mother-of-pearl）包覆，將之轉化為平滑、無害的球體。

　　每一種牡蠣與軟體動物都會製造珍珠，不過人們偏好由少數物種所製造出來的，尤其是黑蝶真珠蛤，牠產出的珍珠顏色既深又泛著光澤。過去，潛水員會在水下徒手蒐集真珠蛤，打開外殼尋找裡面稀有的天然珍珠。如今，這個行業已由養殖場取代，那裡的員工以嫻熟技術將碎片插入牡蠣中，等待數年後珍珠成型。

　　牡蠣是如何製造出堪稱完美球型的珍珠？科學家直到近期才揭開了這一長久以來的祕密。珍珠由數千層珍珠母構成，一組研究人員接下艱苦的任務，將珍珠剖半，測量每一層的厚度。他們發現這些珠母層都遵循著被稱為粉紅噪音（pink noise）的現象規則，也就是「看似隨機出現的事件實際上彼此相關」。粉紅噪音意外地會出現在各種情況，從地震、古典樂到腦部活動、心跳，無所不在。在牡蠣內部，每當有新的一層珍珠母要覆蓋上去時，都會精準地調適成吻合既有珍珠母的層次。每一層的形狀看似隨機出現，實則受到前一層的影響。此種持續調整讓小瑕疵不會變得更明顯，反而被逐漸弭平，所產出的珍珠不但圓滑閃亮，而且堅固程度高得驚人，強度甚至比原始成分「碳酸鈣加蛋白」高上 3000 倍。瞭解珍珠如何變得堅固的原理，可用來開創新一代超級材料，應用於生產太陽能板與太空船。

許多軟體動物會在殼的內層分泌珍珠母，等於幫殼塗上一層抗碎裂物質，讓它們能撐過螃蟹鉗子及鯊魚嘴的攻擊。人類很早就拿這種材質製作魚鉤、工具、珠寶與飾品。從黑蝶真珠蛤殼切下來的圓形常被當成衣服鈕釦使用，同樣被製作成鈕釦的還有白蝶真珠蛤（*Pinctada maxima*）、鮑魚（*Haliotis* spp.）和珍珠蚌（*Margaritifera margaritifera*）。生技公司將目光投向珍珠母，希望藉此引領下一個重大生物醫學突破。珍珠母能夠成為新型牙齒填充物，也是一種新的植骨材料，可幫助斷骨癒合。

嚴格來說，真珠蛤並不是真正的牡蠣，當科學家提到牡蠣時，指的是另一科別——牡蠣科（Ostreidae）。鋸齒牡蠣（*Lopha cristagalli*）是真正的牡蠣科成員之一，牠明顯的鋸齒狀外殼是雪梨歌劇院的興建靈感。太平洋牡蠣（*Magallana gigas*）、雪梨岩牡蠣（*Saccostrea glomerata*）及奧林匹亞牡蠣（*Ostrea lurida*）則是烹飪時的首選。各種牡蠣會自然而然地大規模聚集生長，但牠們的珊瑚礁棲地已遭受嚴重破壞。例如紐約，它一度是世界牡蠣之都，周遭圍繞的珊瑚礁範圍甚至比曼哈頓島大上 10 倍，然而疏浚、汙染及過度撈捕，讓紐約最後一批牡蠣在 20 世紀初被消耗殆盡。當地現在已著手復育那些消失的牡蠣珊瑚礁，世界各地也有類似計畫正在進行。

太平洋
龐貝蠕蟲
Pompeii Worm

Alvinella pompejana

　　龐貝是一座因維蘇威火山（Mount Vesuvius）爆發而毀滅的羅馬城市，而龐貝蠕蟲則以該市為名，是世界上最耐高溫的物種之一。牠們在 1980 年被首次目擊，那是在靠近加拉巴哥群島（Galápagos Islands）、位於水下幾哩的海底熱泉被發現的數年後。這些灰色、長滿絨毛的蟲大約手指長，活在固定於熱泉黑色煙囪側面的管子裡。海底熱泉為極端環境，是深海版本的溫泉，會冒出灼熱且有毒的液體。龐貝蠕蟲從管中探出牠們的頭與花朵般的紅色鰓部，讓其處於 22℃ 相對涼爽的環境，與此同時，牠們的尾巴端卻處於管內的 60℃ 高溫，最熱時甚至能高達 80℃。

　　對龐貝蠕蟲基因的研究提供了瞭解牠們如何不被煮熟的線索。龐貝蠕蟲會製造熱休克蛋白，即使高溫下也不會分解，而且牠們還帶有一種可承受極端高溫、高壓的強韌膠原蛋白（一種構成許多身體部位的重要分子）。龐貝蠕蟲背上灰色的「毛」其實是微生物所構成，似乎有助於分解從熱泉噴口流出的有害液體毒性。

　　其他存活在海底熱泉的微生物甚至能抵抗更高的溫度。超級嗜熱菌（hyperthermophile）不只能承受極端高溫，而且還喜歡高溫環境，當周遭溫度是 80℃ 或更熱時，它們生長得最好。對人類世界而言，這些在高溫下持續運作的微生物現在已變得至關重要。

　　如今，大部分的人都曾做過新冠肺炎的檢測，所採集的檢測樣本會被送往實驗室，這也就是從海底熱泉發現的分子派上用場的時刻。PCR 檢測即為聚合酶連鎖反應（Polymerase chain reaction）檢測，過程包含將 DNA 樣本切成碎片，再複製數百萬份，由科學家對其進行排序，確認裡面是否出現任何冠狀病毒 DNA。相同測試方法也用於 DNA 指紋辨識與其他各種基因分析。名為聚合酶（polymerase）的酵素會被用來複製 DNA 碎片，這種酵素是在黃石公園溫泉裡的微生物中被首次發現，來自海底熱泉的則是不同版本的酵素，後者在進行檢測時必定伴隨的高溫下運作得更好且更準確。

單翼合鰭躄魚（又名光滑手魚）

Smooth Handfish

Sympterichthys unipennis

　　塔斯馬尼亞（Tasmania）的單翼合鰭躄魚保有一項令人哀傷的紀錄，牠是現代第一種被宣布滅絕的魚類，宣告時間為 2020 年 3 月，雖然 18 個月後牠又被宣布「可能」尚未滅絕。這一轉折發生的原因在於，專家認為尋找單翼合鰭躄魚的人並未窮盡牠們所有可能的藏身處，要證明一個物種仍然存在比要完全確認牠們已經不存在更簡單。或許還有單翼合鰭躄魚在某處硬撐著吧，只是已超過 200 年沒有人看過任何一隻。如果這個物種消失，要歸咎 19 及 20 世紀為了採集牡蠣與扇貝的各種開挖，摧毀了單翼合鰭躄魚棲息的珊瑚礁，說不定牠們數十年前就已經滅絕，只是那時沒人注意罷了。

　　現存臂鈎躄魚科（Brachionichthyidae）的成員有 13 種，棲息於澳洲東南沿海與塔斯馬尼亞周遭，屬於鮟鱇目下面的一個小科別，此科名由拉丁文的「手臂」（*bracchium*）及希臘文的「魚」（*ichthys*）結合而成。這些小魚確實看起來像長了手臂、手掌與手指頭，但全部都是由牠們的胸鰭演變而成，而且牠們會用「手」在海底慢慢行走。行走以外的時間，牠們就只是待在原地。即使年輕時，牠們也不是高明的移動者，加上臂鈎躄魚的生活史中並沒有隨波漂流的仔魚階段，所以這種魚不會擴散得太遠，分布區域有限。此特色讓牠們很可能會身陷漁網，且容易受到棲地破壞及氣候變遷加速的影響。塔斯馬尼亞周遭海水溫度上升的速度比全球平均快上 4 倍，偏好較冷水域卻又不太移動的物種，例如臂鈎躄魚，根本無路可逃。

　　所幸，仍有些好消息。2021 年，科學家們將一台攝影機沉至塔斯馬尼亞海洋保護區 150 公尺深的海床進行拍攝，在他們後續檢視影片時，一位科學家看到一隻粉紅色小魚，也就是已消失了 22 年的粉紅臂鈎躄魚（*Brachiopsilus dianthus*）。在此之前，科學家們認為該物種只存活在深度淺、有地方躲藏的海灣。所以，說不定還有更多的臂鈎躄魚藏身在深海。

太平洋

向日葵海星 | Sunflower Sea Star

Pycnopodia helianthoides

　　向日葵海星既大又漂亮，顏色有黃有橘、有紫有紅，當牠們將 24 隻腕足伸展開來，直徑可達 1 公尺，相當於一顆曳引機輪子的大小，是世上最大的海星之一。海星的英文俗名 starfish 帶有魚字，但大家都知道牠們並非魚類，不過為了避免混淆，一些海洋生物學家堅持應改稱牠們為 sea star。海星跟海參、海膽、陽隧足、海羊齒都屬於皮膚上長刺的動物類別，被稱為「棘皮動物」（echinoderm）。

　　海星終日待在海床，屬於底棲生物。牠們給人的第一印象是緩慢遲鈍，但那並非實情。海星可以用數千隻微小的管足碎步移動，速度可達每分鐘 1 公尺，遠超過一般人的預料。牠們以蛤蜊、海螺、死掉的魷魚和棘皮動物為食，特別會吃海膽，這也是為何在大量海星消失的今日牠們這麼被人懷念。

　　2013 年，一場嚴重瘟疫襲擊了北美西部沿海，摧毀多種海星。那是非常恐怖的景象，海星表皮布滿病變，腕足脫離，罹病海星會在幾天之內化成一灘黏液。向日葵海星曾經在阿拉斯加到墨西哥間十分常見；現在，牠們在該範圍內的絕大多數區域消失無蹤。科學家估計在那場瘟疫裡死亡的海星數量接近 60 億，不僅對海星是一場災難，對整個生態系也是。海星族群崩潰的同時，大量海藻森林因熱浪而消失，紫海膽（*Strongylocentrotus purpuratus*）數量激增。缺乏海星抑制的紫海膽大量繁殖，牠們的恣意啃食使海藻孢子無法著落與生長。

　　海洋生物學家至今仍不確定海星到底發生了什麼事。這場瘟疫被稱為「海星消耗症候群」（sea star wasting syndrome），其成因難以確定，畢竟要先曉得病症是什麼才能尋找成因。一開始，人們認為可能是由病毒所引起，後來的研究顯示其他微生物也是共犯，它們搶走了水中的氧氣，從根本上造成海星窒息而亡。正在變化的海洋是很複雜的狀態，氣候危機與熱浪也牽連其中。

不過，希望的光芒尚未完全熄滅。有一小群海星在較冷海域存活下來，或許能幫助海星族群恢復數量。2021 年，科學家首次在人工環境成功繁殖向日葵海星。並非所有人都對此抱持希望，但也許有朝一日，人類能將牠們重新放回野外。

太平洋

裸鰓類 | Nudibranch

Nudibranchia

　　裸鰓類又名海蛞蝓，牠們漂亮得出乎意料，大勝陸上的蛞蝓。幾千種海蛞蝓都有著七彩顏色與花紋，牠們不只分布於熱帶海洋，較冷海域也是各種裸鰓類的家。部分裸鰓類的鮮豔體色是一種偽裝，例如香蕉黃的海蛞蝓棲息在黃色海綿並以之為食；其他裸鰓類的體色則是一種警告，讓掠食者知道這些身體柔軟、沒有殼的軟體動物不適合吃下肚。許多海蛞蝓含有味道糟糕的化學成分，這也是為何具游泳能力的海蛞蝓——或稱之為海天使（sea angel）——會被名為端足類的小型甲殼動物綁架。端足類會附著在海天使上，讓海天使看起來像揹了一個背包。魚類與其他掠食者知道要放過這樣的端足類，否則有機會吃到一嘴味道噁心的海天使。

　　碎毛盤海蛞蝓（*Jorunna parva*）是一種特別的海蛞蝓，曾在網路上轟動一時。牠的外號是海兔，有著毛茸茸的白色模樣，還有一對貌似絨毛「耳朵」，但其實是感覺器官的「嗅角」（rhinophore），用來偵測水中的化學物質。像尾巴的部位則是牠的鰓，所有裸鰓類的鰓都裸露在外面，亦即「裸鰓」（naked gill）的由來。然而，海蛞蝓一詞不單指裸鰓類，還包含各式各樣腹足動物，例如多葉鰓類（plakobranch）以及翼足類（pteropod）。這些生物的共通特色是都沒有外殼。

　　許多海蛞蝓擁有一身絕藝，有些還是竊盜高手。藻類海蛞蝓（*Costasiella kuroshimae*）俗名葉羊（leaf sheep），體色為亮綠色，以藻類為食，而且因此變得能靠太陽存活。牠們會保留藻類的葉綠體，此微小構造能吸收太陽能並產出食物，藻類海蛞蝓將之存放於皮膚，讓葉綠體在牠們的身上繼續行光合作用。這意味著當周遭沒有太多藻類可供食用時，葉羊可以曬曬太陽，啟動內建的食品工廠，藉此果腹。大西洋海神海蛞蝓（*Glaucus atlanticus*）也採行類似的方法，只是牠們偷竊非為果腹，而是為了自保。牠們以僧帽水母為食，順便盜取其刺細胞。這些搶眼的藍色海蛞蝓會將刺細胞完好運送至手指狀的注射器，該構造被稱為皮鰓（cerata）。

　　海蛞蝓的某些身體部位具有驚人的再生能力。網格多彩海蛞蝓

（*Chromodoris reticulata*）[18] 長有可拋棄式陰莖，交配後即脫落，並於 24 小時內再生一根新的。邊緣海蛞蝓（*Elysia marginata*）擁有更嚇人的招數，牠的頭會脫落！這顆頭顱會獨自徘徊一陣子，最終長出一個全新身體（被遺棄的身體只能存活數天，並不會長出新的頭部）。此機制可能是海蛞蝓用來擺脫感染寄生蟲的身體。

　　海蛞蝓體現大自然的奧妙，也讓我們對人類大腦有更深認識。神經科學家坎德爾（Eric Kandel）從 1960 年代就開始研究一種名為加州海兔（*Aplysia californica*）的海蛞蝓，企圖藉此瞭解記憶如何產生。他挑選加州海兔的原因在於牠們具有大型神經細胞，甚至無須顯微鏡就能看到。此外，海兔的神經細胞不會太多，大約 2 萬個，相較之下，人類的神經元數量則可多達 1 京（1 萬兆）。即使只擁有簡單的神經系統，加州海兔仍具備學習與記憶能力。輕戳海兔時，牠會收縮原來伸出的鰓與虹吸管，隨著時間漸久，海兔學會對於不同刺激回以不同反應。坎德爾觀察各個海兔的神經在記憶形成時如何變化，他發現短期記憶會造成神經間的連結暫時改變，另一方面，長期記憶則會造成腦內永久性的結構變化。發生在這些軟體動物腦部的情況也同樣在人類的腦部上演，坎德爾受到海兔啟發而於記憶形成的研究領域貢獻卓越，在 2000 年與其他科學家共同獲得諾貝爾獎。

　　2021 年，另一組科學家想出讓人工智慧變得更聰明的方法，也就是讓 AI 更像海蛞蝓。在海蛞蝓簡單的心智中，存在兩個重要的智力特徵：習慣化（habituation，隨著時間過去，對於相同刺激變得越來越無感）及敏感化（sensitization，對於新刺激有強烈的反應）。現下的人工智慧在記住新資訊、重要事物，並且忘記舊資訊、不重要事物的表現並不好，科學家設法讓量子材料具備像海蛞蝓一樣的習慣化與敏感化特徵，以打造更好的自駕車及發展更強大的社群媒體演算法。

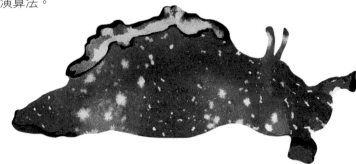

18　譯注：該物種尚無正式中文名稱。由於 *Chromodoris* 在台灣被稱為多彩海蛞蝓屬，*reticulata* 則是拉丁文「網狀」的意思，故此處暫以網格多彩海蛞蝓稱之。

太平洋

穴口奇棘魚 | Pacific Dragonfish

Idiacanthus antrostomus

　　在海面下幾百公尺的暮光區，缺乏光照的深層海水一片黑暗，這裡出沒著比環境更黝黑的魚。科學家很早就知道許多深海魚種極度黝黑，幫牠們拍照的難度特別高，即使用上數支閃光燈，照片裡呈現的模樣依然是毫無特徵的黑色輪廓，魚隻表皮吸收了所有的光線，彷彿一個迷你黑洞。科學家直到近期才曉得這些生物是如何讓自己變得這麼漆黑。

　　牠們的表皮結構充滿黑色素，這種色素也出現在人類與其他動物的皮膚上，不過在深海魚的表皮分布更加密集，而且黑色素顆粒在深海魚表皮的排列方式恰好能捕捉光子。想像一個彈珠台，裡面的球在機台的擋板與緩衝桿間彈跳，這正是光線進入深海魚黑色素顆粒間會發生的事情。光線射入魚皮後在黑色素間不斷彈射，最終往側邊彈開，幾乎沒有光線再被反射出來。

　　一張黑色勞作紙會吸收 90% 的光線，一顆汽車輪胎則能吸收 99%，而許多深海魚能吸收 99.95% 照到魚皮的光線，這與人類研發以奈米碳管製成的最黑材質「奈米碳管黑體」（Vantablack）的光線吸收率大致相同。深海魚體色祕密的破解讓材料科學家大為振奮，其為製造多種用途的超黑材質——包含高倍望遠鏡的筒身襯裡——指出一條全新且可能更有效率的道路。

　　對於諸如蝴蝶、天堂鳥等其他生物而言，超黑花紋能襯托牠們的鮮豔色彩，讓牠們於潛在伴侶眼中顯得更搶眼；對於深海魚來說，變得漆黑的目的與前述理由相反，牠們是為了不被看見，特別是在牠們自身的光源下。穴口奇棘魚跟許多深海魚一樣會生物發光，牠有一條很長的觸鬚，懸垂於下巴，觸鬚尖端能發光引誘獵物。這種魚似乎是為了避免自己反射觸鬚發出的光線而演化出黝黑表皮，畢竟若獵物看到光線後方掠食者的大嘴，一定逃之夭夭，哪還會受發光誘惑呢？為了避免被發現，穴口奇棘魚甚至連牙齒結構都能避免反光。

　　除了黑皮膚和不反光的牙齒，深海魚還演化出一系列特徵，讓牠們能應付深海極端環境。正是這些特徵導致深海魚的長相奇特，也許人類覺得牠們長得很怪、很醜，但要曉得這一切都是為了生存。深海魚的主要挑戰是找到足夠食物，於是許多掠食性深海魚發展出巨大的嘴巴與胃，大得讓牠們

能吞下任何剛好經過的獵物，無論那獵物有多大。黑叉齒魚（*Chiasmodon niger*）的胃極具延展性，讓牠可以吞下比自己大 2 倍的魚。寬咽魚（*Eurypharynx pelecanoides*）與囊鰓鰻（*Saccopharynx* spp.）的超大嘴巴占體長 1/4，張嘴時根本像一把傘。歐氏尖吻鯊（*Mitsukurina owstoni*）的顎能向前彈出有半顆頭這麼長的距離，並可打開到破紀錄的 116 度，又能在 0.5 秒內瞬間闔上。

三腳架魚又稱深海狗母魚（*Bathypterois* spp.），牠們大部分時間都用延伸的尾鰭下方尖端與拖長的腹鰭高高站在海底，魚鰭拖長程度是身體的 3 倍。牠們維持固定不動的站姿讓自己升至海流中，再用長而敏感的胸鰭偵測隨水流漂過的浮游獵物。

另一個造成許多深海魚長相奇特的部位是眼睛，也是魚隻適應環境的結果。深海魚的眼睛已經演化得極為敏銳，像大鰭後肛魚（*Macropinna microstoma*）、管眼魚（*Stylephorus chordatus*）以及其他擁有圓柱體大眼的魚類，都是為了要偵測深海中的微弱光線。

吸血鬼魷魚 | Vampire Squid

Vampyroteuthis infernalis

　　一開始看到吸血鬼魷魚會覺得牠像是嚇人的怪物，有著血紅色的柔軟皮膚和顏色極白的魷魚喙，帶有蹼的腕足布滿看起來很尖銳的刺。不過，吸血鬼魷魚其實是很溫和的生物，體型不過一顆橄欖球大。牠們棲息於數百公尺的深海，以鬆軟的白色有機物碎片為食，這些沉積物從上方落下，或稱「海洋雪」（名字雖然好聽，但它們主要是死掉的浮游生物與其排泄物混在一起往下沉）。吸血鬼魷魚會展開相當於體長 8 倍的長絲，讓海洋雪碎片落在上頭，接著牠們會慢慢捲起長絲，蒐集上面的顆粒並聚集成一顆雪球後吞下。

　　德國動物學家匈恩（Carl Chun）在 19 世紀末的大西洋首次發現吸血鬼魷魚，當時他正在進行瓦爾迪維亞遠征（Valdivia Expedition），目的是為了證明海洋深度 550 公尺以下仍然存在生命。吸血鬼魷魚與其他蒐集到的物種顯示，生命確確實實存在於海浪下的遙遠深處。

　　起初，吸血鬼魷魚被認為是章魚，但牠們實際上是一類孑遺（relict），在某種程度上介於魷魚與章魚之間。幽靈蛸目（Vampyromorphida）物種曾經為數眾多，現在都已滅絕，只能在化石中發現，吸血鬼魷魚是唯一還存活的物種。

　　吸血鬼魷魚沒有攻擊性，如果真的想看可怕的魷魚，肯定不會有比美洲大赤魷（*Dosidicus gigas*）更駭人的，墨西哥的漁夫稱牠們為「紅色惡魔」（diabolo rojo）有其道理。牠們一般為 1.5 公尺長，是世上第三大魷魚（僅次於大王魷魚與大王酸漿魷），有著深紅色皮膚，以高攻擊性聞名。牠們會在晚上以協調過的方式集體獵捕，當牠們追捕燈籠魚與其他魷魚時，會從深海螺旋上升至海面。若有可趁之機，牠們會吃掉同類，也有攻擊潛水者的紀錄。近期研究顯示美洲大赤魷可能具備彼此溝通的能力，透過身體花紋的閃爍變化來協調獵捕，牠們可讓皮膚發光，故黑暗中仍能傳遞訊息。

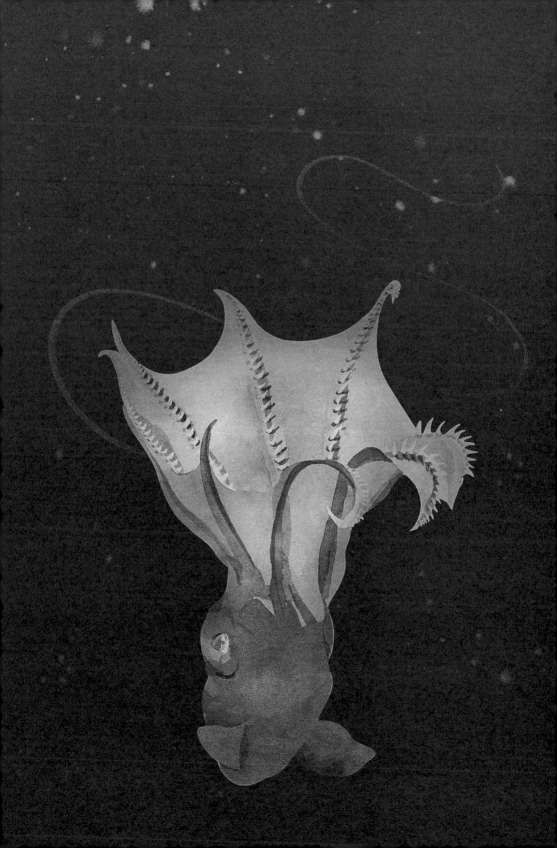

金鰭稀棘鳚 | Eyelash Harptail Blenny

Meiacanthus atrodorsalis

　　這隻英文俗名為睫毛豎琴尾鳚的小魚因其外表而得名——兩眼後方各有一道精美的黑色眼線往後延伸，還有一個新月或豎琴形狀的尾鰭。牠們所屬的類別有兩個俗名，也都著眼於外觀，分別是劍齒鳚或毒牙鳚。即使體型嬌小，這些毒牙鳚在珊瑚礁周遭游動時可是無所畏懼，因為牠們知道自己嘴裡有強力武器。毒牙鳚是魚類之中唯二能造成毒性咬傷的類別（另一類是沒有名氣的深海鰻），如果大型掠食者試圖吞下一隻毒牙鳚，牠八成會立刻把這隻獵物再吐出來。

　　在脊椎動物中，有毒物種最多的類別就是魚類，有將近 3000 種具有毒性，遠遠超過毒蛇種類，只不過大部分魚類是用身體上的棘刺來傳送毒液，而非用牙齒。就像有些能發出電擊的魚類一樣，具備毒性的魚種也是歷經數次演化而來，透過至少 18 次的獨立演化，出現了包含蓑鮋（*Pterois* spp.）、毒鮋屬（*Synanceia*）、龍䲢科（Trachinidae）等。歐洲的遊客常常會在海灘踩到牠們，其毒液會造成劇烈的疼痛。魚類的毒性僅用來自保，非用在獵食。

　　科學家發現毒牙鳚會在毒腺製造化學混合物，再以中空牙齒注射毒液。其中一種毒液類型常見於蠍子、蜜蜂與蛇類，會損害神經並導致發炎；另一種毒液則跟芋螺擁有的一樣，會導致受害者血壓遽降，引發昏迷。

　　不少毒牙鳚會假冒其他魚。粗吻橫口鳚（*Plagiotremus rhinorhynchos*）常在珊瑚礁清潔站溜達，假裝自己是亞成的裂唇魚（*Labroides dimidiatus*）。牠們看起來跟真的裂唇魚非常相似，這讓粗吻橫口鳚能在欺騙其他魚隻後輕鬆走人。粗吻橫口鳚不會老實提供清潔服務，牠們不叼除寄生蟲與死皮，反而會咬下想要清潔的魚隻的活組織，也許會趁機用麻醉毒素麻痺對方。也有一些無毒的魚反而演化出近似毒牙鳚的外貌，利用毒牙鳚的昭彰惡名來保護自己，而無須製造毒液。

加勒比海

蓑鮋（又名獅子魚）| Lionfish

Pterois spp.

　　你看到蓑鮋的外表自然會敬而遠之，醒目的紅白條紋，長而飄逸的棘狀鰭條都給人一種「這傢伙不好惹」的印象——這正是那些特徵的用意。被牠們的魚棘刺傷時會感到劇痛且可能致命，鮮豔體色則是一種警告。這幾年，蓑鮋已經擴散至世界各地。

　　魔鬼蓑鮋（*Pterois volitans*）及斑鰭蓑鮋（*P. miles*）這兩種分別原生於太平洋與印度洋珊瑚礁的獅子魚，從 1980 年代就被發現出沒於佛羅里達沿海，牠們最有可能來自當地的水族館，若非意外逃出就是被刻意放生（目前無人承認）。一開始也許僅有 12 隻被放出來，很快地就變成在海中大量出現。到了 2000 年代，蓑鮋開始往南擴散至墨西哥灣及加勒比海的珊瑚礁。待至 2014 年，蓑鮋已一路擴展地盤至巴西。

　　人類把各種野生動物帶到世界各地，其中的好處未必可知，但我們多半只聽到那些逃到野外的動物開始繁衍並成為麻煩。蓑鮋恰好具有許多棘手的特性，特別是高繁殖力。牠們在出生的隔年就可以每 2～4 天繁殖一次，母蓑鮋一年能產下 2 百萬顆卵，這些卵會成群漂動，在孵化之前可以漂到數百哩，甚至幾千哩外。

　　年輕蓑鮋很快就能長成出色的埋伏型掠食者。當擴散到離原生地很遠的地方時，牠們發現要填飽肚子易如反掌。加勒比海的魚，特別是年幼魚隻，不會把外來的蓑鮋當成威脅，缺乏閃避這個外來種的本能，有的甚至誤以為蓑鮋長長的魚棘是適合藏身的珊瑚而自投羅網。結果導致遍及加勒比海的蓑鮋天天飽餐到樂不可支，科學家甚至發現部分蓑鮋出現脂肪肝現象——類似魚類版本的痛風，一般只發生在被過度餵食的魚缸觀賞魚。

　　來到新地盤的蓑鮋幾乎沒有天敵，這讓事情愈發惡化。鯊魚和石斑魚認不得蓑鮋，不會把牠們當成食物，缺乏制衡導致蓑鮋每到達新的一處，牠們的數量就激增，當地原生種數量則暴跌。

　　就在最近，蓑鮋跟著幾百種紅海物種沿蘇伊士運河遷徙，開始現身地中海。過去，地中海較冷的溫度會將熱帶物種限制在沿岸海灣，但隨著海水暖化，許多魚開始擴張範圍。蓑鮋在 1991 年被首次目擊出現在以色列沿海，

不過那批魚隻並未存活下來（也許是因為冬天寒冷的溫度）。然而，在 20 年後，這個物種逐漸在地中海散布開來。牠們現在已棲息在黎巴嫩、敘利亞、土耳其、希臘與賽普勒斯，並進一步往愛奧尼亞及愛琴海入侵。

當蓑鮋擴散時，人們並沒有坐視不理，而是採用了許多方法企圖控制數量。只是絕大多數專家都同意，一旦蓑鮋在某地建立族群後，幾乎無法根除。不過藉由一個極不尋常的海洋保育方法，可以縮小蓑鮋對當地生態系統的衝擊，那就是盡可能地撈捕牠、吃牠。蓑鮋獵捕大賽會頒獎給在一天內捕到最大、最小以及最多蓑鮋的漁夫。蓑鮋應該會覺得自己很倒楣，出現在不該棲息的地方並非牠們的錯，但既然出現了就別浪費。蓑鮋有毒的棘刺可以輕易被去除，毒性經烹飪後即消失，最重要的是，蓑鮋魚肉非常好吃。人們也開始拿蓑鮋魚鰭製作首飾，用魚皮製作皮件。

在最早被蓑鮋入侵的加勒比海部分地區，事情開始出現了轉機，或許是鎖定獵捕之功，蓑鮋的數量正在減少。這項發現提供了一線希望，也就是某些被入侵的地方可能已經度過了最糟糕的階段。

伊氏石斑魚 | Goliath Grouper

Epinephelus itajara

正如英文 goliath 具有龐然大物之意，伊氏石斑魚的英文俗名說明這是一種非常巨大的魚。伊氏石斑魚的完全成體從魚吻到尾鰭可達 2.5 公尺，體重將近 0.5 噸，跟一隻強壯的灰熊差不多。牠們能一口吞下 1 公尺的鯊魚，製造出魚類之中最大、最低沉的幾種聲音。伊氏石斑魚發出的聲爆在水中傳開，連附近的潛水員都能感到體內一震，這時多半是公石斑魚正在爭奪地盤與母魚。

毫不意外地，如此巨大的魚老早就成為漁民覬覦的對象，過去還曾有專門以石斑魚為目標的商業撈捕。伊氏石斑魚的肉一度被製成狗罐頭，魚身則常被塞滿毒品偷渡美國。不過，牠們最主要還是被海釣客所追殺，如同獵人喜歡在陸地上獵殺獅子、大象等大型動物當成戰利品，海中相對應的戰利品就是石斑魚。

數十年來，伊氏石斑魚是佛羅里達釣客的最愛。釣客有時會將牠們釘在家中牆上，但更多時候只是在「戰績」旁擺姿勢，拍張合照後就把魚隻扔回海裡，更精確地說，是扔掉魚屍。佛羅里達西嶼（Key West）的釣客照片檔案記錄了伊氏石斑魚數量衰退的歷史。1950 年代，包含伊氏石斑魚在內的大型石斑魚是釣客的主要目標，大型鯊魚在那時也很受歡迎，諸如雙髻鯊、大白鯊。很多時候，釣上的魚隻比整艘海釣船上的人還重。到了 1970 年代，多數大型掠食魚都消失了，釣客必須拿笛鯛等較小的魚湊合著拍照。從 1990 年代起，在佛羅里達捕撈、宰殺伊氏石斑魚被列入違法行為，牠們的數量開始慢慢回升。

眼帶石斑魚（*Epinephelus striatus*）是伊氏石斑魚的親戚，也因過漁而深受其害。牠們的繁殖行為跟曲紋唇魚類似，眼帶石斑魚會在某個可預料的時間、地點聚成一大群產卵，此習性讓漁夫得以手到擒來。眼帶石斑魚曾是加勒比海最重要的珊瑚礁漁業基礎，直到牠們的產卵群崩潰，族群徹底消失。不過，有跡象顯示即使是眼帶石斑魚都有恢復的機會。開曼群島引進科學化的保育措施，希望能幫助石斑魚復甦，牠們的產卵地現在被嚴密保護，不得在那裡進行任何漁業活動，即使是在其他可撈捕的區域，也會

有漁獲大小與使用工具的限制。保育措施執行超過 15 年後，小開曼（Little Cayman）周遭的眼帶石斑魚數量增加了三倍，成為目前已知世上最大的眼帶石斑魚族群。

加勒比海

飛魚 | Flying Fish

Exocoetidae

20 世紀初，萊特兄弟仿效鳥類，讓第一架比空氣重的動力飛行器騰空升起，與此同時，科學家開始將視線轉移到另一種會飛的生物，構思如何建造飛機。飛魚跟飛機的相似程度高於多數鳥類，因為這兩者都不會拍動「翅膀」。生物學家對於飛魚是否會拍動翅膀爭論過一陣子，因為當飛魚快速地劃過空中，那速度讓人難以判斷他們是拍動了長得像翅膀的魚鰭，還是維持魚鰭不動。不過，飛魚並沒有鳥類飛行用的強大肌肉，骨骼上也沒有肌肉附著點，由此可知，飛魚其實是在空中滑翔。大約 60 種飛魚中，部分是「單翼機」，用一對魚鰭（胸鰭）滑翔，部分則是「雙翼機」，有兩對延伸的魚鰭（胸鰭與腹鰭）。飛魚並未啟發飛機的設計，但有趣的是，魚隻與人類在面對飛行挑戰時，找出的解決方案頗為相似。

飛魚在空中飛行時間一般不超過 1 分鐘，他們藉由左右擺動尾鰭來加速，擺動速度可達每秒 70 次，而且向空中躍起之後，能夠在波浪上空滑行數百公尺。韓國科學家最近以死後經填充的飛魚進行風洞測試，發現他們的滑翔效率與老鷹不相上下。

能離開水中對飛魚有許多好處。早期的觀點認為飛魚飛起是為了節省體力，後來則認為更可能是飛魚正在逃離海豚、劍旗魚與其他掠食者。有時飛魚會在空中變換行進方向以擺脫掠食者的追擊。

壽司美食家對一堆閃閃發光的橘色飛魚卵一定不陌生，它又被稱為 *tobiko*。許多國家都會採集飛魚卵，其中又以巴西為最。巴西漁民會丟幾捆椰子樹到海裡，待母飛魚將卵產在這種漂流的椰子筏後，漁民只要用手摘取即可收成。

飛魚在巴貝多（Barbados）備受重視。他們不只是當地國菜 *cou-cou* 的關鍵食材，護照和一元硬幣上也都有飛魚圖案。此外，還有一隻飛魚完全躍離海面，一直飛進南方的夜空，成為飛魚座（Volans）。

VOLANS

加勒比海

海牛 | Sea Cow
Sirenia

　　許多故事都跟海牛有關。人們耳熟能詳的故事之一，是哥倫布（Christopher Columbus）在 1472 年於加勒比海發現海牛，並向上呈報牠們就是他聽過無數次的醜陋版美人魚。這種溫和的草食性水中哺乳類動物，在生物分類上屬於海牛目（Sirenia），即海妖（siren）之意。海牛目的兩類成員分別是海牛（manatee）與儒艮（dugong），在牠們的分布範圍內發展出各種神話，將跨越水陸的人類、混種生物與神靈具體化。

　　儒艮（*Dugong dugon*）棲息在東非沿海與亞洲各地，人們早在幾千年前就知道牠們。馬來西亞打捫洞（Gua Tambun）的新時器時代壁畫裡描繪了一群生物，其中包含一頭鹿、一隻貘、一隻山羊以及一隻儒艮。東南亞流傳著許多傳說，講述這種長得像人的神祕動物的由來，內容多半跟女子落入水中並長出魚一般的尾巴有關。由於這些傳說，儒艮在許多地方備受崇拜與喜愛，而且認為殺死儒艮會招來厄運。

　　其他地區則有獵捕儒艮的傳統。從紅海、波斯灣到澳洲北部，過去都有捕抓儒艮來食用或製油的習慣。婆羅洲周遭的海巴瑤族（Bajau Laut，海洋游牧民族）會在夜晚用矛獵捕儒艮，視儒艮肉為佳餚。在許多文化裡，儒艮的骨頭、油、肉都具有超自然力量。牠們在中國被稱為「奇蹟之魚」，儒艮油被當成傳統藥材。部分印尼與泰國地區認為儒艮眼淚可製成春藥。日本沖繩各地的古代墓地都有儒艮骨骼出土，它們被雕刻成蝴蝶形狀，以赭石上色。考古學家認為這些儒艮骨骼被使用在奇特的儀式中，也許是用來讓神靈顯現，接引亡者靈魂前往來世。

　　海牛目中有三個物種棲息在大西洋兩側，牠們是西非海牛（*Trichechus senegalensis*）、西印度海牛（*T. manatus*）及亞馬遜海牛（*T. inunguis*），這些地方流傳著與儒艮區域類似的傳統信仰與利用方式。奈及利亞神話警告人們，如果在水中遇到了海牛，要小心牠會一直對人搔癢，直到那人嗆水溺斃。同樣是在奈及利亞，海牛的肉被用來治療糖尿病，牠的眼睛被認為具有神奇力量，腸胃裡的排泄物則被塗敷在骨折處以幫助復原。

在大西洋兩側，海牛與美人魚傳說的關係已密不可分。非洲水神 Mami Wata 常被描繪成美人魚的模樣，有時則跟海牛有關。她既誘人又危險，但同時也是守護者、治療者，還能帶來財富。她被以各種形式崇拜，非洲到處都有她的慶典。由於橫越大西洋的奴隸貿易，Mami Wata 信仰被帶至美洲，她在那裡扮演守護者的角色，保護受奴役的母親與孩童。幾個世紀後，Mami Wata 的形象再次改變，融合了歐洲美人魚、印度教神明、伊斯蘭使徒元素，不過仍然可以在當代藝術及文物中辨認出她的模樣。

有關海牛的傳說很多，但另一種海牛目生物「史特拉海牛」（Hydrodamalis gigas）本身就是傳奇。牠們曾經棲息在寒冷的白令海，體長可達 10 公尺，是儒艮與海牛的 3 倍大，也是人類所見海牛目中最大者。這些外層儲存豐富脂肪的龐大海牛漂浮在淺處，以海藻為食，能透過鼻息與呼氣跟同類溝通。

這些海牛是以身兼探險家、動物學家與植物學家的史特拉（Georg Wilhelm Steller）命名。1740 年代，他在俄羅斯堪察加半島東邊的科曼多爾群島（Commander Islands）發生船難時遇到牠們。日後，事實證明這些溫馴的生物太容易宰殺。曾有文獻記載，獵人只是簡單地把牠們從水中拖出，令其擱淺於海灘，接著牠們就會因為自身的驚人體重而死去。海豹獵人與毛皮商人為了脂肪與肉而獵殺史特拉海牛，據說牠們的肉嚐起來像醃牛肉。到了 18 世紀末，最後一隻巨大海牛死亡，該物種就此滅絕。研究者近期從史特拉海牛的骨頭中取出 DNA，經由分析顯示牠們的數量也許早在舊石器時代以前就在減少，然後又遇上現代人類的獵捕。史特拉海牛棲地曾經遍及太平洋北部，橫跨日本到加州，然而幾萬年來的氣候變遷導致牠們的數量持續減少，且從未恢復。

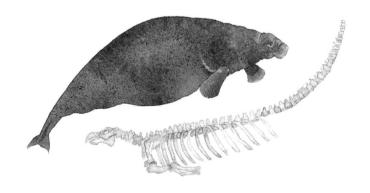

加勒比海
短吻檸檬鯊 | Lemon Shark
Negaprion brevirostris

　　人們對檸檬鯊的瞭解可能多過於對其他大型鯊魚的瞭解，牠們正幫助人類改變長久以來對這些尖牙掠食者的錯誤認知。許多人認為鯊魚是不動腦的殺人機器，但牠們其實是會思考、有個性的動物，具備學習與記憶能力。

　　克拉克（Eugenie Clark）後來被稱為鯊魚女士，她是最早開始研究檸檬鯊的科學先鋒，並讓大眾知道鯊魚被人類嚴重誤解。1950 年代，在位於佛羅里達的研究設施裡，她將檸檬鯊放入海中圍籬進行研究。她表示，檸檬鯊就如同狗及其他動物，可以藉由食物訓練。她的檸檬鯊學會用吻部按壓一個綁在水下的目標物，也就是觸發鈴聲，完成之後鯊魚會獲得一隻魚作為獎賞。這並不全然意味著能將鯊魚與巴夫洛夫的狗（Pavlov's dogs）相提並論，克拉克也未確認鯊魚是否會在聽到鈴聲後開始流口水，但鯊魚很快學會牠們必須做什麼事才能獲得食物。該測試也顯示鯊魚能記住這項技能至少幾個月。在水溫降低的冬季，鯊魚會停止進食，等到春天回暖，克拉克再次將目標物放入水中，而檸檬鯊仍然記得該怎麼做。

　　位於巴哈馬的一座研究站從 1990 年就投入鯊魚研究至今，讓越來越多關於檸檬鯊的真相水落石出。在比米尼島（Bimini Island）的紅樹林，年幼的檸檬鯊前三年都會躲藏於泡水的紅樹林根部及樹幹間，藉此躲避更大的掠食者，並利用這段期間學習如何獵捕與生存。檸檬鯊會在一天當中的某些時段從紅樹林游出，在砂質海床隨意遊蕩，此時牠們身上的淡黃色澤（也是名字由來）可能有偽裝效果。

　　比米尼島的研究顯示檸檬鯊亞成魚習慣成群結夥，牠們偏好跟舊識共游，而非與陌生的鯊魚同行。群體中的鯊魚個性各不相同，有的大膽、喜歡領導，有的習慣跟從。即使在水族館的大型展示缸裡，檸檬鯊仍保有這種特色。我們無從得知牠們是否真的會交朋友，但當檸檬鯊處在良好的社會網絡中，牠們確實能快速地相互學習。

來自印太的尖齒檸檬鯊（sickle-fin lemon shark，又名犁鰭檸檬鯊）跟檸檬鯊關係密切，而且牠們會使用身體語言。在法屬玻里尼西亞，科學家把攝影機架在放有誘餌的箱子附近，拍下尖齒檸檬鯊輪流進食的畫面。科學家驚訝地發現，並不是體型最大的鯊魚優先進食，而是由最大膽的鯊魚排在前面。啄序優先的鯊魚會衝向對手，用侵略性的游動來宣告牠們的統治地位，排序較後的鯊魚都會避開，以表順從。

　　回到比米亞島。一項為期 30 年的研究揭露了檸檬鯊複雜生活的另一面向。科學家將衛星標籤固定在年輕成鯊上，追蹤牠們離開紅樹林的夥伴後，開啟長達幾千公里的遷徙過程。該世代的鯊魚離開比米亞紅樹林的時間超過 10 年，直到最後，母鯊開始游返。原來是當繁殖時機到來，母檸檬鯊便會回到出生地。這一習性讓檸檬鯊能夠與鮭魚、海龜以及其他海洋導航高手並駕齊驅，牠們都有辦法找到重返出生地的路。至於檸檬鯊如何認路？此謎尚未被破解，也許是牠們對電子信號敏感的鼻子能偵測地球磁場，讓牠們在腦中畫出地圖。

加勒比海（與世界各地）

河魨 | Pufferfish

Tetraodontiformes

河魨具有驚人的膨脹能力，而且吃下河魨的人將與之共赴黃泉，正是這兩大特色讓牠們聞名於世。

以前對於河魨會膨脹的説法是，牠們在受到驚嚇後會游至海面並吸進空氣，讓自己膨脹得像海灘球，浮在水面上上下下，藉此遠離水中掠食者的大嘴。這一説法存在不少問題。事實是，受驚的河魨會待在原地並吞下海水，帶有折邊構造的河魨胃能夠如手風琴般擴張，而不斷進入胃裡的水可讓牠們的身體膨脹成原來的 3 倍大。該行為用意不在漂浮，而是忽然變成一顆大球，讓攻擊者難以固定。快速膨脹之所以可行，是因為河魨皮的延展性是一般魚隻的 8 倍，牠們也不具有會阻礙伸縮的肋骨或腹鰭骨（pelvic bone）。屬於二齒魨（porcupinefish）的成員們具有膨脹時會立起的棘刺，牠們在掠食者眼中是帶著許多刺的麻煩食物。

若掠食者破解了河魨的第一道防線，準備大咬一口時，還有另一道「驚喜」等著牠們。河魨的許多部位，包含魚皮、腸子以及不得不提、最危險的肝臟，都富含強效神經毒素——河魨毒素（tetrodotoxin，簡稱 TTX）。此化學成分比氰化物還要毒上幾百倍，藍環章魚的叮咬高度致命也是因為相同成分，多種水螈、蟾蜍、海蛞蝓也都帶有河魨毒素而不可食用。它會阻斷神經訊號，導致癱瘓，最終造成窒息死亡，而且目前尚無任何解藥。

河魨不會被自己毒死，原因在於牠們的基因突變可阻擋河魨毒素與神經纖維結合。即使人類對河魨毒素一點抗性也沒有，但人類還是會吃河魨——吃得小心翼翼。人類吃河魨的歷史久遠，可追溯至日本繩紋陶時代（Jōmon period），在大約 5 千年前的古代遺跡裡，不只發現了吃剩的蛤殼，還有河魨骨頭。河魨料理至今備受喜愛，經數年訓練的大廚才能習得取出河魨肝臟的技術，拿到河魨料理執照（*fugu*-handing licence），讓料理不再致命。

河魨從食物中的細菌獲得河魨毒素。透過把那些細菌從河魨餌料中排除，目前養殖場已可生產不含毒性、保證安全的河魨。然而，由於河魨料理的狂熱愛好者偏好野生河魨，野外撈捕需求仍然存在。

在加勒比地區，河魨萃取物長久以來跟一個邪門的祕方有關。從非洲傳

出的巫毒信仰被西方稱為巫毒教，巫毒祭司因為具有讓人變成殭屍的能力而惡名昭彰。據說，將河魨等各種有毒生物磨碎後製成的藥水能讓人們相信自己已經死亡，剩下如同活死人的軀殼。河魨萃取物與河魨毒素在這部分扮演的角色目前尚未明朗。

扳機魨（triggerfish，中文專名為鱗魨）是河魨的近親，名字來自牠們背部的尖刺，可透過類似扳機的機制立起或倒下。牠們能用尖刺讓自己卡在珊瑚礁岩隙間，確保自己不被掠食者拽出。箱魨（boxfish）顧名思義，彷彿身體內塞了一個用骨頭製作的箱子。受到驚嚇時，箱魨會在水中釋放有毒黏液。翻車魚是河魨的表兄弟，牠們的自衛手段簡單明瞭，讓自己長得比絕大部分魚類再大個幾倍就行了。

當河魨及其親戚們看似全力發展自衛手段時，也有幾個物種生得極為美麗。許多河魨、扳機魨、牛角（cowfish）與稜箱魨都具有錯綜複雜的花紋和斑斕顏色。有些物種根本是天才藝術家，日本奄美群島（Amami archipelago）周遭海域的砂質海底出現直徑 2 公尺的神祕圓圈，好似水中的麥田圈。人們為了這些圓圈困惑良久，直到 2011 年，終於有潛水員看到一隻白點河魨（white-spotted pufferfish）[19] 正在砂上「作畫」。

一隻公河魨為了牠的巨作努力了至少一週，牠在海床上游動，用魚鰭拍動砂子、掃畫出圓形，再加上幾片貝殼與珊瑚妝點，其用意在吸引母河魨注意。被打動芳心的母河魨會游到精緻的畫作中產卵，公河魨則將看顧這些卵，直至孵化。

19　譯注：此種河魨的學名為 *Torquigener albomaculosus*，其英文俗名直譯是白斑河魨或白點河魨，但白斑河魨在台灣通常是指紋腹叉鼻魨（*Arothron hispidus*），故此處中文特別選用白點河魨。

加勒比海
雀鯛 | Damselfish
Pomacentridae

　　雀鯛雖然小，多數種類只有手掌大，但若你見過牠們的一些行為，便不會再忽視牠們的嬌小身材。就算是珊瑚礁中比牠們大上好幾倍的魚，雀鯛也照樣追打，甚至會驅趕潛水員、氣沖沖地衝向面鏡，不過雀鯛是無害的草食動物，牠們只是在捍衛地盤。雀鯛是人類以外少數會從事「種植」的生物，能跟螞蟻、雪人蟹相提並論。這些小魚並非真的播種，而是去蕪存菁——讓物體從周遭區域漂進來，牠們再把倒胃口的海帶拔掉，只留下軟嫩、好吃的部分。這跟早期人類在做的事類似，先把不要的野生植物拔掉，再種下適合食用的農作物。

　　這些魚類農夫會進一步驅趕「農田」的入侵者，牠們的每片田地有乒乓球桌那麼大。雀鯛甚至會找出正在大快朵頤的海膽，叼著牠們的刺，把牠們銜到一段距離外。這樣做是真的有效！科學家經由實驗發現，一旦讓雀鯛無法靠近牠們的農田，其他闖入者只花了幾天就把那些作物吃得一乾二淨。

　　最近的新發現則是，雀鯛還會從事畜牧業。在貝里斯（Belize）的海洋生物學家團隊注意到加勒比海高身雀鯛（*Stegastes diencaeus*）的田地出現一群體型迷你的糠蝦（mysid），他們直覺認為糠蝦是為了躲避掠食者攻擊才躲在這個受嚴密保護的地盤。為了驗證這項猜測，科學家把糠蝦抓到塑膠袋內，放至不同地方，然後觀察牠們被掠食者襲擊的頻率。當在雀鯛農田以外，糠蝦受攻擊的頻率大幅增加。

　　那麼，為什麼雀鯛願意讓糠蝦待在自家田地裡，而非驅離或直接把糠蝦吃掉呢（雀鯛並非嚴格的素食主義者）？貝里斯團隊進一步研究指出，糠蝦的尿液與排泄物就像藻類的肥料，潛水員發現在有糠蝦的農田內，經照料的藻類長得更好，雀鯛也因此吃得更好、更健康，勝過田裡沒有糠蝦的雀鯛。這些全都顯示雀鯛會馴養糠蝦，如同人類飼養牲畜般把糠蝦成群養著。這是人類以外，第一宗脊椎動物馴化其他動物的案例。遠古人類也在類似情況下馴養豬、貓、雞與狗，野生動物受食物殘渣及棲身處所吸引而來到人類的住所，或許也是因為人類可以趕走掠食者。久而久之，這些動物習慣了人類的存在，人畜雙方都發現當彼此在一起時好處更多。

目前有近 400 種雀鯛存活在世界各地，多數棲息於珊瑚礁。條紋豆娘魚（又名五間雀鯛，*Abudefduf* spp.）炫耀著他們身上的條紋。藍綠光鰓雀鯛（*Chromis viridis*）會聚成一大群，在珊瑚上方遊蕩，閃閃發亮。亮橘色的高歡雀鯛（*Hypsypops rubicundus*）又叫加里波底（Garibaldi）[20]，棲息於加州沿岸的巨藻森林。

除了大膽之外，雀鯛也是出名的吵。牠們透過咬磨牙齒來發出呼嚕聲、波波聲、啁啾聲以相互調情，或者發出噓聲來驅逐田地入侵者。2016 年，大堡礁的潛水者聽見安邦雀鯛（*Pomacentrus amboinensis*）發出他們從沒聽過的聲響，那是類似擋風玻璃雨刷擺動時產生的尖銳聲音。可能是這些雀鯛採用了新的聲音來讓自己能在吵雜而忙碌的珊瑚礁中被突顯出來。

在印尼，科學家持續收錄珊瑚礁飽受數十年炸魚後開始恢復的聲音。以前人們會往水中扔擲爆裂物以炸死魚隻，該做法常常摧毀整座珊瑚。曾有好幾年，歷經炸魚的區域安靜無聲，不過在科學家種植珊瑚碎片、復育棲地後，生態系統開始恢復健康，聲音也變得更熱鬧。在一片魚隻發出的嘰嘰喳喳中，科學家能夠辨認出雀鯛的呼嚕聲。

20　譯注：加里波底是指朱塞佩・馬利亞・加里波底（Giuseppe Maria Garibaldi，1807-1882），其為 19 世紀義大利統一運動的領袖，由他所領導的軍隊上戰場時會穿著顯眼的橘紅色制服。

海馬 | Seahorse

Hippocampus spp.

　　海馬是很奇特的生物。看看巴氏豆丁海馬（*Hippocampus bargibanti*）吧，其僅指甲大的身體布滿粉紅色小疙瘩，配上迷你馬頭、袋鼠育兒袋、可勾捲的猴子尾巴，這樣還不算奇特嗎？豆丁海馬最初是在 1969 年於新喀里多尼亞（New Caledonia）被發現，這項發現很大程度上是因為運氣絕佳。當時，一位水族採集者正在收集柳珊瑚，他意外看見有兩隻迷你海馬緊緊攀附在上面。目前已知世界各地至少還有其他 45 種海馬，最大的約手掌展開的長度，而且所有海馬都屬於海馬屬（*Hippocampus*），其屬名結合了古希臘文的「馬」與「水怪」，暗示著牠們奇特外表下的神話特質。

　　人類很久以前就知道海馬了。長期以來，人們都好奇牠們到底屬於哪一種生物？是毛毛蟲？蝦？還是迷你版會游泳的龍？古希臘漁民相信地中海的海馬是馬頭魚尾怪（hippocamps）的幼體。馬頭魚尾怪是傳說中的野獸，身上有馬的前腿與魚的尾巴，奔馳在希臘神話中，拉著海神波賽頓的戰車。馬頭魚尾怪也出現在埃及石棺及腓尼基的硬幣上。牠們的身影馳騁於古羅馬神話，亦現身在中古世紀蘇格蘭匹克特人（Picts）的石雕上。

　　幾世紀以來，乾燥海馬被拿來當成民俗藥材，可治療各種症狀，從氣喘到骨折，從失禁到陽痿。時至今日，含海馬成分的藥物仍以中藥形式高價販售。對非永續漁業的關注讓許多國家開始禁止海馬出口，但黑市交易仍然猖獗，加上每年有數千萬隻的海馬被撈捕，其中大多數是隨蝦類底拖網被捕上來的混獲，導致幾種海馬正瀕臨滅絕。

　　就西方科學觀點而言，海馬並未含有那些宣稱具有療效的強效分子。雖然許多關於海馬的超自然故事廣為流傳，但牠們不過是魚類罷了，儘管長得跟其他魚不一樣。海馬是唯一有脖子的魚，牠們沒有游動用的尾鰭，取而代之的是捲曲的附肢，海馬總是喜歡用它抓著物體。海馬最奇怪的地方或許在於，牠們是唯一由雄性負責懷孕的動物。海馬伴侶之間會展示優雅的求偶儀式，尾巴交纏著共舞，之後母海馬會將卵傳遞到公海馬腹部的育兒袋，由公海馬授精並開始為期 2 週的懷孕期，提供育兒袋中的海馬寶寶空氣及食物。許多海馬種類的伴侶會維持忠誠，牠們每天探訪並持續跳舞，強化彼此間的

伴侶連結。最終，公海馬分娩，用力吸吐並收縮育兒袋，直到一群微小、已成形的海馬寶寶出現。這時的新生海馬已不再需要雙親照顧，牠們會漂走，展開自己的旅程。

除了非常寒冷的海域之外，世界上大部分海岸都有海馬的蹤跡。海馬經常出沒於珊瑚礁、海草床、紅樹林，但你很難發現牠們。良好的偽裝是游速緩慢魚種的生存關鍵，海馬會變換顏色與外表質感來融入周遭環境，讓自己隱匿其間，靜靜等候獵物游到範圍內。牠們多以甲殼生物為食，這類採取抽搐游動法的微小生物被稱為橈腳類（copepod）。只要快速抖一抖長鼻子，海馬能在 1/1000 秒內吸入獵物，成功率高達 80%，精準快速與高成功率，讓這些小魚躋身世界最致命掠食者的名單中。

身為魚類異數的海馬，也隸屬於古怪的科別——海龍科（Syngnathidae），其拉丁文的意思是「結合在一起的顎」，用來形容成員的口器上下接成管狀，無一例外。該科別成員包含海馬的細長親戚，也就是海龍（pipefish）。海龍屬於海龍亞科（Syngnathinae），長得像一條有生命的鞋帶。另一個海馬亞科（Hippocampinae）的演化與身體構造則介於海馬與海龍之間。有三種可以說是最華麗的海龍漫遊於澳洲沿海，其中的澳洲葉海龍（*Phyllopteryx taeniolatus*）與枝葉海龍（*Phycodurus eques*）棲息在澳洲南方沿海的巨藻森林與海草床中。第三種是紅寶石海龍（*Phyllopteryx dewysea*），體色通紅，十分搶眼，牠們棲息在更深水域，由於陽光的紅色波長穿透力較差，所以牠們的體色在深處不會被照亮，深水區的紅色反而有助隱蔽。

新種海馬也不斷出現，例如 2020 年在南非索德瓦納灣（Sodwana Bay）採集到的非洲豆丁海馬（*H. nalu*）。在非洲南部的祖魯與科薩語中，*nalu* 的意思是「就是這裡」，用來表達這種迷你海馬一直都在，只是沒人發現而已。

加勒比海（以及印度洋、太平洋）
蓋刺魚與蝴蝶魚｜Angelfish and Butterflyfish
Pomacanthidae and *Chaetodontidae*

　　在珊瑚礁中，體色最鮮豔、最搶眼的就是蓋刺魚及蝴蝶魚了。牠們白天在海裡招搖，經常成對相伴或結成一群，而且許多種都非常大膽，不怕潛水員。由於醒目的條紋及斑點，牠們是很好辨認的魚種。有些長得像陸上動物，例如眼睛上戴著黑色眼罩的浣熊蝴蝶魚（*Chaetodon lunula*），或條紋斑馬蓋刺魚（*Genicanthus caudovittatus*）以及眼睛周圍有黑圈的熊貓蝴蝶魚（*Chaetodon adiergastos*）；有些名字來自牠們讓人驚艷的外表，例如火焰神仙（*Centropyge loricula*）、淚滴蝴蝶魚（*Chaetodon unimaculatus*）、檸檬皮神仙（*Centropyge flavissima*）；有些則單純是外型既大又漂亮，因而冠上有氣勢的名字，如帝王神仙（*Pomacanthus imperator*）、女王神仙（*Holacanthus ciliaris*）、國王神仙（*H. passer*）。[21]

　　為什麼這些生物演化成如此鮮豔而大膽呢？一種解釋是為了向同類宣告身分。蓋刺魚與蝴蝶魚都具有高度領域性，而且會對同類發動攻擊。牠們身上難以忽視的體色被魚類學家戲稱為「廣告顏料」，很可能是為了宣示領域，如同在珊瑚礁插上飄揚旗幟，還能嚇阻入侵者。這或許解釋了為何蓋刺魚在年幼時與成體時的長相差異極大，因為唯有在牠們長大並準備接管領域時，才需要廣告顏料般的體色。

　　許多蝴蝶魚的身上都有著黑斑，故得蝴蝶之名。有時，黑斑外圍還有一圈漸層藍色環繞，也許是為了看起來更像眼睛，但是牠們真正的眼睛反而藏在黑色帶狀裡。假的眼斑能誤導掠食者，因為掠食者通常會選擇攻擊獵物頭部與眼睛。若掠食者以為蝴蝶魚正在盯著牠們瞧，卻又發現蝴蝶魚往意想不到的方向游走，掠食者一時之間會不知道該如何攻擊。

21　譯注：為使文義連貫，本段落內魚隻名稱皆採用英文俗名，其各自對應之中文專名如下：浣熊蝴蝶魚為月斑蝴蝶魚；條紋斑馬蓋刺魚為紋尾月蝶魚；熊貓蝴蝶魚為屋頂蝴蝶魚，水族愛好者稱其為黑面蝶；火焰神仙為紅刺尻魚；淚滴蝴蝶魚為一點蝴蝶魚；檸檬皮神仙即黃刺尻魚，水族愛好者稱其為藍眼黃新娘；帝王神仙即條紋蓋刺魚，水族愛好者稱之為皇后神仙；女王神仙為額斑刺蝶魚；國王神仙為雀點刺蝶魚。

新科技幫助科學家發現了一群以往遙不可及的蓋刺魚與蝴蝶魚。使用一般潛水裝備，潛水員只能安全潛至水下 30 公尺，然而循環呼吸裝備能讓潛水員循環利用自己吐出的氣泡，額外的氧氣讓他們能在水底待得更久、潛得更深。潛水科學家憑藉這項裝備發現深度介於 30 ～ 150 公尺間的新型珊瑚礁生態區，並稱之為「中光層」（mesophotic zone），這裡的光線雖暗，但不至於像深海那樣全黑。幽暗的區域裡住著一群獨特物種，也就是珊瑚、海綿、海藻以及魚類，包含非棲息於淺海的蓋刺魚與蝴蝶魚。

許多中光層的蓋刺魚十分罕見，像大眼阿波魚（*Apolemichthys guezei*）僅曾被拍攝到兩次。紅白條紋相間，長得像古早味西瓜糖的紅薄荷神仙（*Centropyge boylei*，中文專名為博氏刺尻魚）是水族愛好者願意花大把銀子競相購買的對象。幾年前，潛水員在菲律賓的中光層採集到一隻蝴蝶魚活體，一直到這隻魚被放到美國的加州科學院（California Academy of Sciences）的展示缸，才發現這條魚從未被發表。他們借用美國政治家倫斯斐（Donald Rumsfeld）之名，將這條魚命名為「倫斯斐蝴蝶魚」（*Roa rumsfeldi*）。倫斯斐曾說：「在戰爭裡，有我們自知的未知者，也有我們不自知的未知者──我們不曉得原來我們不知道那些事。」倫斯斐蝴蝶魚藏身在深層的中光層礁石間，是科學家不曉得自己原先不知道的魚種。現在，牠們的身世逐漸為人所知。

回到淺海。蝴蝶魚是衡量珊瑚礁健康度的重要指標。許多蝴蝶魚以珊瑚蟲為食，牠們會小心翼翼地啄食珊瑚蟲，所以唯有在活珊瑚大量存在的區域，蝴蝶魚才會蓬勃生長。計算蝴蝶魚數量是評估一個珊瑚礁生態系是否健康的有效方法，也就是蝴蝶魚越多，珊瑚越健康。

加 勒 比 海
女王鳳凰螺 | Queen Conch
Aliger gigas

　　幾千年來，加勒比地區的居民都拿女王鳳凰螺當食物，把螺殼做成裝飾或工具。阿茲提克的羽蛇神（Quetzalcóatl）所佩戴的「風之珠」就是以鳳凰螺殼對切兩半製成。鳳凰螺殼也被當成供品放在阿茲提克的墳墓，並常和紅海菊蛤殼一起被鑲嵌在飾品上。馬雅雕刻則描繪人們手持鳳凰螺殼，以戴拳擊手套的方式用它們戰鬥。馬雅人還會使用鳳凰螺殼作為儀式號角。

　　如同許多大型海螺殼，女王鳳凰螺的殼可被製作成樂器，切掉頂端尖角即可吹奏。其類似管樂器的發聲原理，在螺殼巨大空腔內的空氣震動及共振可產生非常悅耳的聲音。鳳凰螺的發聲原理也解釋了為何將螺殼放在耳際即可聽到浪濤聲。事實上，你在殼內聽到的聲音是血液快速流過耳朵以及其他周遭雜音被放大後的共振。傳統號角也是用世界各地的海螺製成，不僅限於女王鳳凰螺，像太平洋島嶼會使用大法螺（*Charonia tritonis*），喜馬拉雅佛教僧侶使用的號角則為印度鉛螺（*Turbinella pyrum*）。

　　鳳凰螺殼至今仍是世界各地蒐集者的最愛，常被用來製作雕著人像的橢圓形珠寶墜飾，而成堆的鳳凰螺殼則是人們吃掉大量鳳凰螺的證據。大量消耗導致現今在加勒比海、墨西哥灣與巴西東北部海草床等原棲地，已難看見鳳凰螺的蹤跡。

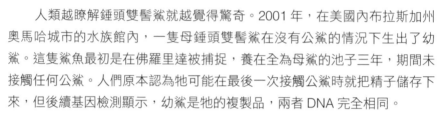

加勒比海
錘頭雙髻鯊 | Bonnethead Shark
Sphyrna tiburo

　　人類越瞭解錘頭雙髻鯊就越覺得驚奇。2001 年，在美國內布拉斯加州奧馬哈城市的水族館內，一隻母錘頭雙髻鯊在沒有公鯊的情況下生出了幼鯊。這隻鯊魚最初是在佛羅里達被捕捉，養在全為母鯊的池子三年，期間未接觸任何公鯊。人們原本認為牠可能在最後一次接觸公鯊時就把精子儲存下來，但後續基因檢測顯示，幼鯊是牠的複製品，兩者 DNA 完全相同。

　　從卵直接發育成胚胎，無須精卵結合的過程被稱為「孤雌生殖」（parthenogenesis），已知會發生在多種生物，包含蛇、蠑螈、昆蟲、蝸牛與蜘蛛，不過錘頭雙髻鯊是第一種被人類觀察到展現此行為的鯊魚，推測孤雌生殖是為了讓生物能在尋覓不到雄性的期間繼續繁衍。自從錘頭雙髻鯊「處女產子」後，另外幾種鯊魚也在水族館內進行了孤雌生殖，牠們分別是條紋狗鯊（*Chiloscyllium plagiosum*）、黑邊鰭真鯊（*Carcharhinus limbatus*）及豹鯊（*Stegostoma tigrinum*）。

　　錘頭雙髻鯊也證明並非所有鯊魚都是渴望血肉的肉食動物。事實上，有的鯊魚會以草為食。過去，當人們看見錘頭雙髻鯊在野外嚼著滿嘴海草，他們認為那只是鯊魚在衝向螃蟹、蝦、魚類或螺時意外吃進嘴裡。一組科學家決定為此進行調查，他們在水族館養了幾隻雙髻鯊，並提供魷魚及海草作為食物。經過一系列的測試後，證據顯示雙髻鯊是真正的雜食動物。牠們缺乏能夠咀嚼海草的牙齒，但牠們會大口吞下海草，並且多半是由強力胃酸予以分解，雙髻鯊胃裡的酶有助於消化強韌的植物組織。化學分析顯示在錘頭雙髻鯊的食物中，海草占超過一半。

　　上述發現開啟了人類對鯊魚的全新觀點，也說明海草床不僅是海龜、儒艮、許多無脊椎生物與小型魚的重要棲息地，對鯊魚也同樣重要。此外，這也暗示科學家應該更謹慎，留意那些想當然耳是純肉食的動物到底吃了什麼，說不定牠們跟錘頭雙髻鯊一樣雜食。

　　關於錘頭雙髻鯊與其他雙髻鯊的頭部為何會如此之寬，目前流傳著各種說法。這個被稱為頭翼（cephalofoil）的部位可能會提供雙髻鯊額外的浮力

與機動性。頭翼擁有大量面積，也許能增強感官偵測氣味及微弱電子訊號的能力，讓雙髻鯊察覺躲在海床中的獵物。得益於寬眼距，雙髻鯊的雙眼視覺也獲得強化，有助於追蹤與獵捕獵物。

一角鯨 | Narwhal

Monodon Monoceros

　　女王伊麗莎白一世放在倫敦塔珠寶室的王室物件之中，有多項物品是用獨角獸犄角所製成。一張遺存下來的清單裡記載著一盞獨角獸杯、幾柄用獨角獸角製作並飾以銀與水晶的權杖。由於伊麗莎白女王終身不婚，歷史學家認為女王可能藉由蒐集這些物品作為象徵，彰顯她的獨特身分，因為傳說中只有處女才能捉到獨角獸。

　　有關「獨角獸角」的國際商業貿易不僅利潤豐厚，而且已存在數個世紀。中古世紀時，歐洲各地的人普遍相信用獨角獸犄角製作的杯子能保護飲用者不受毒害。把蜘蛛放進這種茶杯，若牠們很快就蜷縮死亡，則代表杯子貨真價實。對於負擔不起昂貴杯子的人，他們會在身上灑上磨成粉的獨角獸角，有病治病，沒病強身。

　　回頭看昔日用高價購買這些謊稱療效物品的天真群眾，現今的人們很可能會對其噗哧一笑，但在那個年代，世界仍流傳著各種未解之謎，還有許多角落未被探索，也沒有人能確定世上是否存在獨角獸這種生物。真相隨著時間推移而浮現，原來這些獸角是丹麥商人從格陵蘭周遭海域蒐集而來，由名為一角鯨的中型鯨魚頭上拔起，那是牠們拉得極長的、帶螺紋的牙齒。

　　在獨角獸犄角的真相被揭露後，謎團仍然圍繞一角鯨的長牙很長一段時間。沒有人曉得一角鯨為何有如此長牙，也無人確定它的功用。一角鯨是難以捉摸的生物，牠們大部分時間都躲在北冰洋的冰層下而難以觀察，更遑論找出長牙的確切答案。多種理論曾被提出：有人認為也許長牙是用來製造聲響或偵測聲音，也有人推論長牙可能是當獵物躲在海床時的挖掘工具，或是用來擊破冰層、鑿出洞口以利呼吸。亦有一說是，長牙也許是巨型感應器，可偵測水中化學成分及溫度變化，因為發現長牙中存在著神經連結且內有通道可讓海水流入，此說目前獲得較多支持。

　　然而，前述各理論都必須面對一個問題，也就是母一角鯨多半沒有長牙。無論長牙有什麼好處，那些好處都只有公鯨才能獲得。一個近期研究的觀點是，長牙之於一角鯨等同巨大鹿角之於紅鹿，等同華麗尾巴之於孔雀。公一角鯨演化出長牙可能是為了與其他公鯨打鬥，或在母鯨前炫耀展示。如

同動物界的多數情形——越大者越好，一角鯨長牙亦如是。公鯨身上曾被發現傷痕累累以及斷掉的長牙，也有人曾回報目擊兩隻公一角鯨相互摩擦長牙的行為（tusking）。

在北極的冰冷海水中，一角鯨與牠們的近親「白鯨」（*Delphinapterus leucas*）住在一起，後者因為會發出類似鳥類鳴叫的吱喳聲而被稱為海中金絲雀，這也是白鯨廣受歡迎、常出現在水族館表演中的原因。不過，越來越多人意識到這種表演其實是殘忍且不必要的。

2019 年，一隻白鯨出現在挪威沿海城鎮哈默菲斯特（Hammerfest），該處根本不屬於白鯨正常分布範圍，哈默菲斯特太南邊了。更奇怪的是，白鯨身上戴著輓具，上面還印有「聖彼得堡器材」字樣。難道這隻白鯨是從俄羅斯逃出的間諜？根據報導，俄羅斯海軍幾年前曾訓練白鯨、海豹與海豚以防衛海軍基地的入口，殺掉水下入侵者。據說，白鯨不像海豹那麼願意聽從指令。這隻俄羅斯白鯨被命名為弗迪米爾（Hvaldimir），該字結合挪威語的「鯨魚」（*hval*）與俄羅斯總統普丁（Vladimir Putin）的名字。白鯨弗迪米爾後來在哈默菲斯特附近定居且願意接近人類，在鮭魚養殖場附近睡覺及覓食。倡議人士希望能為弗迪米爾封鎖一座峽灣，使其不再受到傷害。

南冰洋

南極冰魚 | Antarctic Icefish
Notothenioidei

　　環繞南極的冰冷海水中棲息著不會凍死的魚，即使在溫度僅 -1.9℃的水中，這些冷血動物也不會變成一根冰棒。科學家有很長一段時間都想解開此謎，他們推測這種魚一定具有某種低溫阻斷機制。到了 1960 年代，謎團終於破解，原來南極冰魚體內充滿抗凍劑。

　　抗凍劑這一物質是由南極冰魚的胰臟所製造的簡單蛋白，它能結合進入體內的冰晶，包含魚隻吃下的冰晶，而且這種蛋白也能抑制魚的體型。之後，魚隻便可將這些被捕捉到的冰晶透過排泄方式排出體外。冰魚的表皮黏液也含有抗凍蛋白，可避免外皮結霜。繼發現南極冰魚擁有天然抗凍劑之後，科學家開始檢查其他存活在零度以下環境的生物，他們發現在樹木、草、甲蟲、雪蚤（snow fleas）、蛾以及浮游生物中，也存在許多不同的低溫抑制分子。大西洋鯡魚、絨杜父魚以及美洲擬鰈也是抗凍魚種的成員。南極冰魚和北極鱈魚是遠親，各自活在地球兩端，但牠們產生的抗凍蛋白幾乎一模一樣。南極冰魚的抗凍蛋白演化自消化酶，北極鱈魚的抗凍蛋白則來自「垃圾 DNA」──一種多半不帶功能性編碼指令的基因體。

　　關於如何將抗凍蛋白利用在人類世界的各種想法如雨後春筍般湧現，使用於超低溫保存（Cryopreservation）是其中一種可能。天然防凍劑可能有助於保存捐贈器官、血液組織、精子及胚胎。高壓電力線與機翼的外層都經過抗結霜加工，也許有一天我們能看到它們使用抗凍蛋白這類環境友善原料。抗凍蛋白已經被食品業採用，雖然其利用方式有違於一般人的直覺──用來製作冰淇淋。由於可避免大塊冰晶成形，抗凍蛋白顯然可以用來維持冰淇淋的滑順口感，然而你不會在成分表中看見任何魚字，因為標示名稱是「冰結構蛋白」（ice structuring protein）。選用此名稱反映出冰淇淋製造商的心機，也就是他們決意要避免任何令人聯想到乙二醇的可能性，因為後者會被用於汽車的防凍劑，對人類而言是劇毒。[22]

22　譯注：汽車防凍劑被稱為 antifreeze，主要成分為乙二醇。冰淇淋廠商在標示抗凍蛋白時會避免使用 antifreeze 或是 anti、freeze 等詞彙。

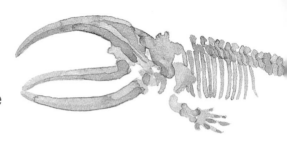

極地海洋
弓頭鯨 | Bowhead Whale
Balaena mysticetus

弓頭鯨保有許多世界紀錄，包括牠們擁有所有動物中最大的嘴巴，其有 5 公尺長、4 公尺高、2.5 公尺寬，空間足夠擺放牠們重達 1 噸的舌頭，而且牠們也是最長壽的哺乳類。阿拉斯加的因紐皮特人（Iñupiat）以打獵為生，鯨魚是他們的狩獵對象之一。2007 年，他們獵了一隻弓頭鯨，這隻鯨魚在被捕殺之前已有一根魚叉深深插入牠皮下的鯨脂。那根魚叉所屬型式只在 1879 到 1885 年之間被製作，意味著在遙遠的過去，曾有人企圖獵捕這隻鯨魚，但以失敗作收，而這隻動物就帶著那根插入身體的魚叉游了超過一個世紀。科學家估計弓頭鯨可以活上至少 200 年，儘管多數都沒有機會活到如此高齡。

對弓頭鯨的商業獵捕始於 18 世紀。弓頭鯨是游動緩慢的簡單目標，獵捕難度低，被魚叉射中時牠們還會浮上水面，讓捕鯨人更為省事。跟其他鯨魚同類一樣，弓頭鯨因為鯨油而遭獵捕，鯨油能作為燃燈原料，也可以用來製作肥皂、口紅、膠水。柔韌的鯨鬚是牠們用來過濾水中食物的構造，被人類加工為束腹及筆刷。在進入 20 世紀之前，歐洲與美洲捕鯨人的獵捕幾乎已將弓頭鯨逼上滅絕之路。然而，商業捕鯨在 1982 年遭到禁止後，弓頭鯨的數量便持續回升。北極西部的弓頭鯨已經從 1000 隻左右回升到至少 16800 隻，這都要歸功於當地社群，包含來自因紐皮特人的協助，他們幫忙監控與研究弓頭鯨族群，抵制離岸石油開採與其他衝擊。

弓頭鯨是唯一終生都在北極的鯨魚，已完全適應在冰冷海水中生存。牠們能用巨大頭部撞穿海冰來呼吸，而且也比其他鯨魚顯得更為臃腫，其鯨脂厚達 0.5 公尺。鯨脂賦予弓頭鯨絕佳的隔熱效果，甚至導致牠們在長程遷徙時有過熱的風險。為了降溫散熱，弓頭鯨會張開巨嘴，讓冰冷海水沖過牠們口腔頂部一根由柔軟海綿狀組織構成的特殊桿子。散熱時，血液會流往這個器官，使它膨脹變硬，鯨魚生物學家便以陰莖來比喻該構造。

在北極冬天永夜的黑暗中，弓頭鯨會對彼此吟唱。科學家在格陵蘭與斯瓦爾巴（Svalbard）之間放置一台水下收音設備，錄到弓頭鯨一天 24 小時不曾停歇的歌聲，時間在每年的 11 月到隔年 4 月間。牠們時而低聲吟唱，

時而抑揚頓挫，組成不斷變化的曲目，相較於座頭鯨等其他優秀歌手，弓頭鯨的歌聲較不偏向古典樂路線，牠更像自由、即興發揮的爵士歌手。科學家尚未揭開弓頭鯨自由演唱的目的，推測是與交配有關。

小頭睡鯊 | Greenland Shark

Somniosus microcephalus

在所有的脊椎動物之中，就屬小頭睡鯊的壽命最長，是牠們的眼睛洩漏了這個祕密。

小頭睡鯊體內沒有可供計算壽命的硬組織，例如類似於樹木年輪的耳石（otolith），能呈現每年的生長痕跡。科學家於是將目光望向小頭睡鯊的眼睛中央，那是牠們在幼魚時就成形的部位。科學家對偶然捕獲的小頭睡鯊眼睛進行化學分析，結果顯示部分鯊魚帶有的放射性記號與 1950 及 60 年代的核武測試一致，由此可知牠們約莫出生在該時間點。採用同樣方法可找出年紀更長、體型更大的鯊魚年齡。目前測出最年長的是一隻 392 歲的雌鯊，此測量有一世紀的誤差範圍。她可能是在 156 歲時才第一次交配。

小頭睡鯊是傻大個，體長超過 5 公尺，穿梭於北極與北大西洋，但游動速度不到每小時 1.6 公里。牠們一度因富含維他命 A 的肝油而成為獵捕目標，有些至今仍因肉類需求而遭捕殺。小頭睡鯊的肉含有大量尿素，未經特殊處理前食用將具有毒性。發酵鯊魚肉（*Hákarl*）是一道冰島國民料理，使用的食材就是小頭睡鯊。傳統製作方法是將鯊魚肉埋在石頭底下，任其腐爛幾個月後，再掛起風乾幾個月。最終成品會被切成小方塊食用，帶著強烈阿摩尼亞臭味。吃的時候最好捏住鼻子，再配上一口冰島烈酒「黑死酒」（*brennivín*）。

極地海洋、大西洋

馬舌鰈（又名格陵蘭大比目魚）

Greenland Halibut

Reinhardtius hippoglossoides

馬舌鰈看起來像是一種無法決定自己心意的魚。牠們屬於鰈科（Pleuronectidae），而鰈科魚是眼睛在右側的比目魚。[23] 一般而言，鰈科魚大部分時間都躺在海底，左側朝下，用擠在右側的雙眼看著上方。然而，牠們並非生來就長這樣。在仔魚期，比目魚的眼睛就像大部分的其他魚類一樣，分別位於頭部兩側，但到了幾週大時，一隻眼睛會開始慢慢移動，橫越頭部，到達臉的另一側，然後這種魚會倒下攤平，成為我們熟悉的模樣。不過，馬舌鰈的眼睛只移動到半途，停在額頭正中央，讓牠彷彿魚類版的獨眼巨人。這種「半途而廢」讓牠保有可以躺平游動或垂直游動兩種選項，可說是偶爾兼職的比目魚。馬舌鰈還幾乎挑起一場戰爭呢！

1995 年，為了撈捕馬舌鰈，加拿大與西班牙間的戰火曾經一觸即發。加拿大漁業在紐芬蘭大淺灣（Grand Banks）的鱈魚撈捕業崩潰後一片蕭條，亟欲尋覓可替代的魚種，加拿大人因而將漁網撒向鰈魚。他們同時訂定了嚴格的撈捕配額，避免重蹈鱈魚族群毀滅的覆轍。然而，來自歐盟的拖網船也航行至附近海域，捕捉的鰈魚數量遠高於配額，加拿大漁民確信他們積極保衛的鰈魚正遭受他國漁船的過度撈捕。

加拿大海軍艦艇以機關槍掃射西班牙冷凍加工拖網漁船的船首，隨後逮捕船員、扣押船隻，事態愈發嚴重。加拿大官員查獲西班牙漁民使用非法漁網，並將非法漁貨藏匿在祕密船艙，於是派遣更多海軍艦艇及空中巡邏隊，雙方衝突再次升級，眼看兩國即將正式開戰。最終，西班牙同意撤離爭端區域，加拿大則歸還扣押的西班牙拖網船。

馬舌鰈的撈捕雖然持續進行，但現在已經平和多了，只是考驗或許就緊接在後。在格陵蘭附近，鰈魚是重要的漁業基礎，漁貨量最好的地方就在冰河順著峽灣直接流入海中之處。沉至深處的冰河融冰會攪動海中營養鹽，刺激浮游生物生長，帶動整個食物網蓬勃發展。科學家預測隨著氣候暖化，冰

23　譯注：比目魚屬於較大的分類，眼睛位在左側的是舌鰳、鮃，鰈魚的眼睛則在右側。

河會退往陸地，少了融冰帶動的營養循環可能會漸趨弱化，而馬舌鰈族群將離開此處，數量也會有所衰減。

　　同一片寒冷海域棲息著另一種右側眼比目魚——庸鰈（*Hippoglossus hippoglossus*），牠們的體型巨大，體長可達近 5 公尺，體重為數百公斤。牠們是小頭睡鯊最愛的食物；至於人類喜歡吃的比目魚，則是包含鰈、鮃、鰨的多個物種。

　　有的比目魚是用另一側躺著。左側眼比目魚（Bothidae，鮃科）中的蒙鮃（*Bothus mancus*）棲息在熱帶海域，身上布滿閃閃發亮的藍圈。牠們可以配合周遭環境快速變化體色與花紋，這是比目魚的關鍵生存技巧。牠們靜靜躺在海底，期望不會被掠食者以及潛在獵物察覺。

　　善於隱藏且能夠躺平在海底是極大優勢。具備這種優勢的魟魚以不同於比目魚的方式呈現自己——魟魚將自己扁平化，從肚皮到背部扁平得像一片鬆餅；而比目魚選擇的做法則讓牠們成為地球上最不對稱的脊椎動物。科學家近期發現，比目魚發展成怪異模樣的速度極快，每當一隻幼魚長大並移動眼睛，就是在重現一段歷時大約 300 萬年的演化過程。考慮到牠們的頭骨必須歷經變化才能實現躺平生活，300 萬年的時間真的不長。

極地海洋

南極磷蝦 │ Antarctic Krill

Euphausia superba

在圍繞南極洲的南冰洋中，幾乎所有大型動物都吃南極磷蝦，鯨魚、企鵝、海豹、信天翁、海燕及魷魚都以這些手指長度的甲殼類為食。南極磷蝦以成群集結的方式大量出現，牠們跟暮光區的燈籠魚一樣，是角逐「世界上最豐富野生動物」頭銜的頭號競爭者。此外，磷蝦會生物發光的特色也與燈籠魚如出一轍。牠們整個身體會發出短暫的黃綠色閃光，不過發光目的尚未完全為人所知，可能是牠們透過發光掩蓋自身剪影以躲避掠食者，或者藉此在夜晚跟同類相互溝通。

磷蝦分布範圍極廣，棲地涵蓋大約 10% 的海洋，範圍與非洲大陸差不多大，這讓計算世上究竟有多少磷蝦變成一件難事，估計其大約有 5 億噸之多，與地球上所有人類或所有牛隻的總質量相近。

磷蝦是南冰洋食物網的中心，也是影響氣候的要角。磷蝦以海水表面被稱為浮游植物（phytoplankton）的細微藻類為食，並產生大量、高濃度的排泄物，這些充滿碳的排泄物會快速下沉。磷蝦會在白天向下游至較深水域以躲避飢餓的掠食者，當牠們呼氣時又排放更多碳到水中。總計磷蝦每年可將幾千萬噸的碳帶到深海，被封存的碳將隔絕於大氣幾千年。

鯨豚不是南極磷蝦唯一該擔心的物種，人類也是磷蝦的主要掠食者。遠洋加工漁船一天可捕捉 800 噸磷蝦，巨大漁網持續將磷蝦打撈上船，出海一次可在撈捕地待上數週。撈捕上來的磷蝦須立即在船上進行加工處理，被搗碎製成的磷蝦油藥丸富含 Omega-3 脂肪酸。磷蝦也可以製成魚粉，這意味著即使遠離了南冰洋，世界各地的生物仍以牠們為食。牲畜、養殖魚、寵物貓、寵物狗，通通都是磷蝦的食用者。

保育人士為撈捕磷蝦產生的影響感到憂心。目前看來，全球整體磷蝦數量似乎不太可能出現衰退情形，但研究顯示磷蝦撈捕業確實能嚴重打擊區域性磷蝦數量，這將導致該處掠食者的食物量減少，像企鵝在築巢及育雛時就不會游到遠處覓食，區域性磷蝦遽減將影響企鵝生存。氣候變遷對磷蝦也是一大威脅，牠們的部分生命週期必須依賴海冰，然而由於南冰洋暖化，某些地方的海冰正在快速消融。

實地探訪

現在，你已經認識了海洋中的 80 種動物，還有許多方式可以讓你繼續尋找海洋生物。

探索海邊

如果你恰巧住在海岸附近，或者有機會前往海邊，可以花些時間探索，看看海邊有什麼。以下是適合前往的海邊棲地：

岩岸

這裡是徒步遇見海洋生物的絕佳地點。你只需要一雙防滑雨鞋或不怕弄濕的鞋子。確認潮汐時間（可在網路搜尋潮汐時間表），在低潮前一小時前往，這個時間點你所進入的岩岸已歷經最長時間的浸泡，走在陸地上就可以看到部分最典型的海洋生物。

礁石下可以找到海螺、魚類、海膽與海星。潮池裡則有因退潮而暫時受困的蝦和魚。永遠記得把石頭小心放回原位。下腳前仔細確認落腳處，這不僅是為生態好，也是為了你自己好（海膽刺足以刺穿膠鞋）。

高潮時的岩岸是浮潛的好地方，我建議穿一件潛水衣，可保護你免於刮傷及受寒。

當你開始探索海岸，將發現各地出現的生物大不相同。暴露在浪濤、暴風雨下的海岸，物種較少，能緊貼在岩石上的生物才是這邊的強勢種，例如：笠螺、藤壺、淡菜；比較不受波浪、天氣影響的海岸，則通常擁有較多物種以及較多海藻，所以你在這裡能找到更多的螃蟹與海螺。

沙岸

低潮是造訪沙灘的最佳時機，你可以看到被沖上來的東西，特別是在暴風雨過後。

你多半會看到大量蛤蜊與雙殼類的空殼，牠們活著的時候都將自己埋在沙裡。

留意烏賊的內殼，即烏賊骨板。注意有沒有鯊魚及鱝的卵鞘，它們又被稱為「美人魚錢包」。藉由殼的形狀與大小，你應該可以分辨你所發現的究竟是前述何者。

懸崖頂

站在高處的你將獲得看海的絕佳視野，這也是為何懸崖是尋找海豚、鯨魚、海鳥等大型海洋生物，以及象鯊這類大型鯊魚的好地方。記得帶上望遠鏡！

遇見海洋巨型生物

現在有很多出海機會能讓你近距離遇見這些迷人的大型海洋生物，例如：鯨魚、海豚、象鯊等。在參加行程前，先對你有興趣的物種做一點功課，並確認業者會確實遵守各項道德規範及安全準則。記得在野外棲地要永遠對生物保持尊重，別靠得太近，也不要過於吵雜，請將「嚴禁碰觸」四個字銘記在心。

潛入深處

如果想探索海洋較深處，你可以學習水肺潛水或自由潛水。

水肺潛水

有不同的組織提供水肺認證課程，內容包含最初與教練一起試潛，看看你是否喜歡水肺潛水。入門課程需要大約一週的時間方能完成，如果你覺得深深著迷，可繼續報名進階課程，增進自己的技巧，直到成為潛水長及潛水教練。[24]

相關資訊：

British Sub-Aqua Club:
www.bsac.com/home
National Association of Underwater
Instructors: www.naui.org
Professional Association of Diving
Instructors: www.padi.com
Scuba Schools International:
www.divessi.com
World Underwater Federation:
www.cmas.org

自由潛水

自由潛水又稱屏氣潛水（apnea），所需裝備比水肺潛水少，但閉氣下潛需要更多技術。數天的訓練會教你基礎知識及重要安全技巧（例如，切勿獨自進行自由潛水），很快地，你將可屏氣潛入你以往無法想像的更深處。

相關資訊：

Apnea Academy/Apnea Academy
International: www.apnea.academy
International Association for the
Development of Apnea:
www.aidainternational.org

網路資源

MarLIN (The Marine Life Information Network): www.marlin.ac.uk/species
Ocean Life at the Smithsonian: www.ocean.si.edu/ocean-life
Oceana Marine Life Encyclopedia: www.oceana.org/marine-life

---

24 譯注：台灣的相關入門課程又稱為開放水域課程（open water, OW），包含必須下水的室內課程及海洋實習，通常為期至少三天。惟此類課程並無作者提及的試潛（無法因個人喜好要求退費），但提供需另外收費的單次體驗潛水，以便有興趣者先行嘗試。

如何保護海洋生物

　　雖然許多威脅正衝擊著海洋生物，但好消息是世界各地有很多優秀的人與組織正在努力終止傷害、逆轉困境，讓海洋能重回富饒的健康模樣。以下列出幾個機構：

藍色海洋基金會

www.bluemarinefoundation.com

　　致力於發展能處理非永續漁業的方法以及恢復海洋棲地，例如牡蠣珊瑚礁。首要任務是在 2030 年保護至少全世界 30% 的海洋。

深海保育聯盟

www.savethehighseas.org

　　包含世界各地超過 100 個非政府組織、漁民組織、法律與政策機構，致力於保護脆弱的深海生態系統，使之不再受到深海底拖網及海底採礦等衝擊傷害。

藍色任務

www.mission-blue.org

　　由傳奇的美國海洋攝影師厄爾（Sylvia Earle）所領導。藍色任務的目標是提高公眾意識，串連與支持主張在世界各地建構海洋保護區的全球網絡。這些海洋保護區又稱為希望熱點（Hope Spot），是經科學認定對海洋健康至關重要的特殊地點。

海洋搜查

www.seasearch.org.uk

　　這項計畫是以願意為海洋環境盡一份力的英國與愛爾蘭休閒潛水員、浮潛者為對象，蒐集他們在水下看到的海洋棲地、海中動植物的資訊。

對抗汙水的衝浪者

www.sas.org.uk

　　草根性環境慈善團體，鼓吹、聯合並強化社群採取行動，以保護海洋、沙灘、海浪與野生動物。

永續海洋同盟

www.soalliance.org

　　致力於動員全球年輕的海洋勞動者，發展及落實能恢復海洋健康的創新方案。

選擇永續海鮮

　　講到吃海鮮，為了海洋健康，我們可以在挑選品項時多加考量。有些漁業正致力於盡可能以對長期環境衝擊較小的方式進行撈捕，施行方法包含將撈捕目標放在能快速繁殖的物種、使用低生態影響的漁具、只在限額內進行撈捕避免造成野生族群衰退。選擇養殖魚及養殖貝類也是維持海洋永續的好方法。

　　我們在吃海鮮時常遇到的問題是，無法得知盤中食物究竟是什麼？從哪裡來？被如何捕捉？想獲得答案並沒有那麼容易，但你必須曉得答案才能判斷你的食物是否符合永續海鮮的標準。你可以仔細檢查標示，詢問魚販、超市及餐廳老闆有關魚隻的來源，別被模稜兩可的永續性說詞給敷衍搪塞。小心那些由小型漁業提供的漁貨，要確認能追蹤從海洋到餐盤的整個過程。支持你知道且信任的漁船及漁業公司。釐清你所在區域主要的漁貨物種是哪些，並且善用線上海鮮指南，找出最符合永續海鮮的選項。

相關資訊：

Good Fish Guide: www.mcsuk.org/goodfishguide
GoodFish: www.goodfish.org.au
Seafood Watch: www.seafoodwatch.org

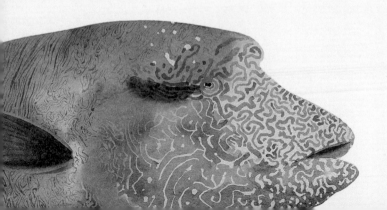

索 引

作者介紹

斯凱爾博士（Dr Helen Scales）是一位海洋生物學家、作家和播音員。她的海洋研究從馬達加斯加的紅樹林、婆羅洲的偏遠珊瑚礁到西非的牡蠣森林以及墨西哥灣的深層水域。作品《時光中的螺旋》（2015 年）和《輝煌深淵》（2021 年）分別獲得英國皇家學會生物書籍獎提名和每日電訊報年度科學書籍獎。文章曾刊登於《國家地理》、《衛報》、《新科學家》等雜誌。

斯凱爾博士經常出現在 BBC 廣播，並在劍橋大學授課。她是「改變海洋（Sea Changers）」和「拯救海洋基金會（Save Our SeasFoundation）」的顧問及大使，時常往返於英國劍橋以及法國的大西洋沿岸。

作者個人網站：www.helenscales.com

作者謝辭

能有機會在這一精彩的系列叢書中增加一本純粹談論海洋的書籍，是我的莫大榮幸，非常感謝 Laurence King 出版社裡每一位讓這本書成真的人。羅福（Andrew Roff）一開始就詢問我是否有充足的海洋生物故事能帶領我們進行這段旅程，也是才氣縱橫的他協助我從一長串物種清單中進行篩選。皮特（Katherine Pitt）為這本海洋書掌舵，在環繞世界的旅程結束後嫻熟而靈巧地帶領我們返航。喬治（Marcel George），感謝你繪製的插圖，它們圍繞著我的文字，顯得如此美麗，看著整本書因為書裡的插圖而變得活靈活現，真是一大享受。

許多人教導我海洋生物的知識，而且至今依舊如此。有太多的名字我無法一一列出，但每一位我都相當感激。我格外感謝我的所有朋友與家人，他們始終陪伴我，當我出發探索海洋時，他們會親自或用文字為我打氣。最後，伊凡（Ivan），感謝你跟我分享你的生活，無論在海面之上、在海面或在海面之下。

加入晨星

即享『50 元 購書優惠券』

─ 回函範例 ─

您的姓名：　　　　晨小星

您購買的書是：　　貓戰士

性別：　●男　○女　○其他

生日：　1990/1/25

E-Mail：　ilovebooks@morning.com.tw

電話／手機：　09××-×××-×××

聯絡地址：　台中　市　西屯　區
工業區 30 路 1 號

您喜歡：●文學／小說　●社科／史哲　●設計／生活雜藝　○財經／商管
（可複選）●心理／勵志　○宗教／命理　○科普　　○自然　●寵物

心得分享：　我非常欣賞主角…
本書帶給我的…

"誠摯期待與您在下一本書相遇，讓我們一起在閱讀中尋找樂趣吧！"

國家圖書館出版品預行編目（CIP）資料

跟著80種魚環遊世界：從大西洋領航鯨到南極磷蝦，探索六大洋
　不同深度的80種海洋居民／斯凱爾博士（Dr Helen Scales）作；
　馬塞爾‧喬治（Marcel George）繪；王北辰譯. -- 初版. -- 臺中
　市：晨星出版有限公司, 2024.05
　208面；16×22.5公分. --（看懂一本通；20）
　譯自：Around the Ocean in 80 Fish & Other Sea Life
　ISBN 978-626-320-804-9（平裝）

1. CST：魚　2. CST：海洋生物

388.5　　　　　　　　　　　　　　　　　　　　113002858

看懂一本通 020

跟著80種魚環遊世界

Around the Ocean in 80 Fish & Other Sea Life

作者	斯凱爾博士 Dr Helen Scales
繪者	馬塞爾‧喬治 Marcel George
譯者	王北辰
編輯	余順琪
特約編輯	鄒易儒
編輯助理	林吟築
封面設計	高鍾琪
美術編輯	林姿秀

創辦人	陳銘民
發行所	晨星出版有限公司
	407台中市西屯區工業30路1號1樓
	TEL：04-23595820 FAX：04-23550581
	行政院新聞局局版台業字第2500號
法律顧問	陳思成律師
初版	西元2024年05月01日

讀者服務專線	TEL:（02）23672044 /（04）23595819#212
讀者傳真專線	FAX:（02）23635741 /（04）23595493
讀者專用信箱	service@morningstar.com.tw
網路書店	http://www.morningstar.com.tw
郵政劃撥	15060393（知己圖書股份有限公司）

印刷	上好印刷股份有限公司

定價 460 元
（如書籍有缺頁或破損，請寄回更換）
ISBN：978-626-320-804-9

Around the Ocean in 80 Fish & Other Sea Life
Text © 2023 Dr Helen Scales
Illustrations © 2022 Marcel George

This edition is published by arrangement with The Orion Publishing
Group Ltd, through Andrew Nurnberg Associates International
Limited.
All rights reserved.

Printed in Taiwan
版權所有‧翻印必究